U0301694

2018

中国园林古建筑
精品工程项目集

《筑苑》理事会 编

中国建材工业出版社

图书在版编目(CIP)数据

2018中国园林古建筑精品工程项目集 / 《筑苑》理
事会编. -- 北京：中国建材工业出版社，2018.10
　　ISBN 978-7-5160-2448-5

　　Ⅰ．①2⋯ Ⅱ．①筑⋯ Ⅲ．①古典园林－园林建筑－
案例－汇编－中国 Ⅳ．①TU-098.4

中国版本图书馆CIP数据核字(2018)第237871号

内　容　简　介

　　本书由 23 个中国园林古建筑精品工程项目案例组成，其中园林工程项目 18 个，古
建筑工程项目 5 个。书中对每个精品工程的工程概况、项目理念、工程的重点及难点，
以及新技术、新材料、新工艺的应用等做了详细阐述，客观介绍了目前我国园林古建筑
领域在设计理念、施工技术以及创新做法等方面的先进经验，对业界同行具有很好的示
范意义和参考价值。

　　本书可作为园林工程、古建筑工程领域政府部门、企事业单位的管理人员、设计人员、
施工人员、技术人员等的参考书，也可以作为本科和高职院校园林古建类专业师生的教
学参考资料。

2018中国园林古建筑精品工程项目集
《筑苑》理事会 编
出版发行：中国建材工业出版社
地　　址：北京市海淀区三里河路1号
邮　　编：100044
经　　销：全国各地新华书店
印　　刷：北京天恒嘉业印刷有限公司
开　　本：889mm×1194mm　1/16
印　　张：12.5
字　　数：240千字
版　　次：2018年10月第1版
印　　次：2018年10月第1次
定　　价：200.00元

本社网址：www.jccbs.com，微信公众号：zgjcgycbs
请选用正版图书，采购、销售盗版图书属违法行为
版权专有，盗版必究。本社法律顾问：北京天驰君泰律师事务所，张杰律师
举报信箱：zhangjie@tiantailaw.com　举报电话：(010) 68343948
本书如有印装质量问题，由我社市场营销部负责调换，联系电话：(010) 88386906

《2018 中国园林古建筑精品工程项目集》编委会

评审专家组：

商自福　　张东林　　梁宝富　　吴世雄　　范霄鹏　　佟令玫　　孙　炎

编　委（按姓氏笔画排序）：

丁淑芳　　马丽雅　　马　洁　　马　静　　方香林　　刘军军　　关　杰
许建刚　　刘　清　　孙　耖　　张　宁　　李向阳　　张宇羚　　吴　杰
余诗韵　　吴雪刚　　杨一帆　　金　力　　陈冬霞　　宗光杰　　陈国权
陈俊文　　陈　超　　陈　韵　　邵福进　　钟　卫　　项立军　　项立忠
项立海　　荀　建　　俞　倩　　钟　晴　　徐宁宁　　唐旭栋　　徐国华
顾益安　　黄少清　　郭　征　　谢彩凤　　韩婷婷　　蔡栋捷

中国建材工业出版社

《筑苑》理事会

《筑苑》丛书编委会

顾问总编：孟兆祯　　陆元鼎　　刘叙杰
主　　任：陆　琦
副 主 任：梁宝富　　佟令玫
委　　员（按姓氏笔画排序）：

马扎·索南周扎	王乃海	王吉骞	王向荣	王　军	王劲韬
王罗进	王　路	龙　彬	卢永忠	朱宇晖	刘庭风	刘　斌
关瑞明	苏　锰	李　卫	李寿仁	李　渖	李晓峰	杨大禹
吴世雄	宋桂杰	张玉坤	陆　琦	陈　薇	范霄鹏	罗德胤
周立军	荀　建	姚　慧	秦建明	袁思聪	徐怡芳	唐孝祥
曹　华	崔文军	商自福	梁宝富	陆文祥	端木岐	戴志坚

副理事长单位

扬州意匠轩园林古建筑营造股份有限公司
广州市园林建筑工程公司
常熟古建园林股份有限公司
杭州市园林绿化股份有限公司
青海明轮藏建建筑设计有限公司
武汉农尚环境股份有限公司
山西华夏营造建筑有限公司

常务理事单位

宁波市园林工程有限公司
汇绿生态科技集团股份有限公司
湖州中恒园林建设有限公司
江苏省华建建设股份有限公司
江阴市建筑新技术工程有限公司
江西省金庐园林工程有限责任公司
浙江天姿园林建设有限公司
中国园林博物馆
陕西省文化遗产研究院

前言 foreword

　　绿水青山就是金山银山。党的十九大报告把美丽中国与中国梦紧密结合起来，明确提出"走向生态文明新时代，建设美丽中国，是实现中华民族伟大复兴的中国梦的重要内容"。"美丽中国"成为全党、全国人民的共同追求。这是我国社会主要矛盾转化为人民日益增长的美好生活需要和不平衡不充分的发展之间的矛盾之后，我党做出的重大决策。

　　园林是生态文明的重要载体之一，通过园林建筑、园林植物造景、园林铺装、园林小品等为人们营造了舒适的居住环境和公共活动空间，提高了人们的幸福指数。古建筑的雕梁画栋、砖雕石刻，传达了中华优秀传统文化的魅力。政府机构、专家学者的顶层设计和理论研究，以及行业企业的专业设计与精心施工、养护，共同营造了生态宜居的人居环境。

　　中国建材工业出版社《筑苑》理事会着眼于园林古建筑传统文化，结合时代创新发展，遵循学术严谨之风，以书为媒，与业界专家学者、企业精英一道，为青山绿水，为美好人居，为文脉传承，尽心尽力。2018 年，《筑苑》理事会启动"中国园林古建筑精品工程征集活动"，得到了广大会员单位的积极响应，会员单位共申报工程项目 50 余项，根据征集活动办法，《筑苑》理事会进行了筛选，共有 25 个项目符合申报要求，进入专家评审环节。评审采取现场评审和场外评审两种方式，通过现场专家评议、场外专家审核，专家参照申报标准进行综合打分，顺利通过评审的项目入编本次出版的《2018 中国园林古建筑精品工程项目集》，面向全国发行。

入编本书的项目无论是设计水平还是施工水平，都具有一定的典型性和示范性，其中很多项目所在地为国家重要外事活动和重大公共活动选用场所；有些项目是我国知名企业的办公场所，在一定程度上向世界展示了中国企业形象；有些项目在本省获得了"优秀园林工程奖"，已经得到了社会的普遍认可。另外，通过本次精品工程征集和评审工作，我们发现，园林工程施工质量以及古建筑修复水平普遍提高，园林植物品种不断丰富，园林植物养护更加专业，硬质工程精细化程度也有所增强。更加令人欣慰的是，很多工程在新技术、新工艺、新材料的应用方面有了新突破，一方面，有些企业已经拥有了自主研发的技术专利，另一方面，在选材上则更加体现生态环保、循环利用、理念先进。这些都值得鼓励和提倡，这也是我们出版本项目集的一个初衷。

优秀的园林古建筑工程不仅为人们营造了宜居的生活环境和优雅的人文氛围，它还是中华优秀传统文化继承与发展的生动体现。希望本书的出版能够为广大同行提供借鉴与参考，共同推动行业进步，为生态文明建设助力。

编者

2018 年 10 月

目录 contents

1 第十届中国（武汉）国际园林博览会绿化及景观（二期）
工程国际园林艺术中心区施工（YB-SG-6标段）
武汉农尚环境股份有限公司

9 环东湖绿道一期项目园林景观工程
武汉农尚环境股份有限公司

17 华为总部A3改造项目景观绿化工程
朗迪景观建造（深圳）有限公司

28 第九届江苏省园艺博览会博览园绿化景观工程三标段
常熟古建园林股份有限公司

35 青奥文化体育公园项目园林景观绿化及相关配套工程
武汉农尚环境股份有限公司

43 运河丹堤项目示范区景观工程
扬州意匠轩园林古建筑营造股份有限公司

51 苏杭之星一期景观绿化工程
浙江天姿园林建设有限公司

58 北山路 84 号国宾接待中心项目——景观绿化工程
杭州市园林绿化股份有限公司

65 东营理想之城三号地块北区（市政类）建设三标段工程
浙江天姿园林建设有限公司

70 第十一届中国（郑州）国际园林博览会
园博园项目园林景观工程第 3 标段
常熟古建园林股份有限公司

78 新塘路（新风路—新业路）综合整治工程景观绿化Ⅰ标段
杭州市园林绿化股份有限公司

86 水博苑工程——园建及绿化工程
广州市园林建筑工程公司

94 市民广场项目（一期）施工工程
广州市园林建筑工程公司

102 流花湖公园总体提升项目（一期）
广州市园林建筑工程公司

110 广平县环城水系二期景观及绿化工程
常州环艺园林绿化工程有限公司

116 全椒县达园景观绿化工程
芜湖新达园林绿化集团有限公司

122 砀山县砀郡公园及侯楼公园景观绿化工程
安徽腾飞园林建设工程有限公司

131 店忠路（新合马路至环湖大道段）改建工程景观提升 1 标段
皖建生态环境建设有限公司

137 高平市炎帝陵景区碑廊等附属工程
山西华夏营造建筑有限公司

146 泰兴市庆云禅寺大雄宝殿工程
常熟古建园林股份有限公司

152 商务印书馆良户乡村阅读中心修缮建设工程
山西华夏营造建筑有限公司

164 山西省高平市汤王头村古官道及部分历史建筑保护修缮工程(一期)
山西华夏营造建筑有限公司

179 祥源·星河国际 CH20 地块顺河老街核心区古建工程
安徽腾飞园林建设工程有限公司

第十届中国（武汉）国际园林博览会绿化及景观（二期）工程国际园林艺术中心区施工（YB-SG-6标段）

设计单位：武汉市园林建筑规划设计院

施工单位：武汉农尚环境股份有限公司

工程地点：武汉市东西湖区金南二路最南端

开工时间：2014年9月30日

竣工时间：2015年9月20日

建设规模：104248m²

本文作者：徐宁宁　武汉农尚环境股份有限公司　副总经理

　　　　　钟　卫　武汉农尚环境股份有限公司　经理

HISTORIC BUILDING GARDEN

中国国际园林博览会始创于1997年，是中国园林行业层次最高、规模最大、影响最深远的国际性重大盛会。第十届中国（武汉）国际园林博览会以"生态园博 绿色生活"为主题，选址武汉市张公堤森林公园核心区，全园总面积2137700m²。

图1　园博园北门广场

第十届中国（武汉）国际园林博览会绿化及景观（二期）工程国际园林艺术中心区施工（YB-SG-6标段）项目（图1～图21），位于武汉市东西湖区金南二路最南端，建设总面积104248m²，其中园建面积34892m²，绿化面积69356m²，合同总造价4161.85万元。

一、工程概况

本工程项目，内容涵盖园博会国际园林艺术中心周边及北区自乌鲁木齐园到唐山园段一级园路以北的场馆公共绿地及其北坡，施工内容极为丰富，包括园建、安装与绿化三大部分：园建包含大面积广场硬质铺装、地基处理及钢筋混凝土基层、面层铺装等，主要铺装材质为PC砖、片岩、青石板、花岗岩等；安装工程包含给、排水管道及相关砖砌井等；绿化包含大量乔灌木栽植及地被、野花组合、白三叶播种、常绿草皮铺植及大量的时令花卉更换等。

二、项目理念

在设计和施工过程中，本项目重恩彰显、表现了主体特色，同时遵循整体性、生态优先、因地制宜、可持续发展以及景观多样性的原则，尊重周边绿地的规划定位，使新建景观与周边景观完美融合。

三、工程的重点及难点

整个工程施工面积和范围空间非常大，与监理方及其他施工单位等合作协调量大，且工期紧张，面临土壤回填、夏季苗木保活等各种问题，难度系数较大。

1. 土壤改良与绿化种植

施工场地位于垃圾填埋处理区，原土壤贫瘠，质地黏重，通气透水性能差，将该区域乔木栽植成活并保持其观赏效果颇具挑战。在施工过程中，通过施以草碳土，并用旋耕犁旋耕搅拌，起到了综合改良土壤的目的，大大提高了苗木的成活率。

2018中国园林古建筑精品工程项目集

图2 园博园北门夜景广场

图3 节日的北门广场

图4 园林艺术中心

图 5 新型休憩坐凳

图 6 烂漫薰衣草种植

图 7 汉口里广场

图 8 汉口里小巷

2. 土方回填与地形改造

工程标段位于原北区金口主垃圾场，需要先对广场现状地坪组织测量并与设计标高比较，根据现场实际情况编制地基处理专项施工方案：采用人机配合方式进行土方开挖施工至设计标高后，再用18t振动压路机在原垃圾土上碾压3～4遍，在其上铺设土工格栅一层，回填 500 厚素黏土，分层用 18t 振动压路机碾压，压实系数不小于 0.93；再在其上铺设第二层土工格栅，以同样标准回填和碾压；再铺设 300 厚级配碎石，采用人工级配 1 : 1.5 碎石垫层，碾压夯实，压实系数不小于 0.95，确保垫层基础达到质量标准。对园内部分区域进行土方回填、坡地建造，改变了阡陌条贯、一览无余的审美方式，创造了丰富饱满的景致。

3. 超大面积的硬质铺装

地面铺装 22059m²，台阶铺装 1795m²，桥台铺装 828m²……硬质铺装占到该工程项目的大部分。在天气炎热、工期紧急的情况下，如何确保铺装量足与质优，同时完成其他作业任务，方法显得尤为重要。施工方从测量放线控制、标高控制、施工质量控制

图 9　花谷桥创意台阶

图 10　东门广场铺装

图 11　沥青跑道与木桩道

图 12　小品布景

图 13　钢木绳桥梁

图 14　蜿蜒的沥青园路

（土方施工、级配碎石垫层施工、模板制作）、原材料控制等多方面着手，对所有施工管理人员和特殊工种人员、各施工队及操作人员进行技术交底、培训，使整个施工队处于较好的素质状态，完成了超大面积的硬质铺装，实现了良好的硬景效果。

本工程在园建铺装中，不仅多处使用了节能环保、耐候持久的新型园林建材，如 PC 砖、花岗岩等，并且为了应和小巧婉约的小景造景需要，适量采用了青石板、麻绳拉索、木质桥面等复古材料。新旧搭配，相得益彰。

四、新技术、新材料、新工艺的应用

1. 大树种植

对要使用的苗木严格把好质量关，苗木除了规格要符合要求外，还要选择生长势头旺盛、

图 15　钢制庥架造型

图 16　廊架夜景

形状好、无病虫害、无机械损伤的苗木，并做好标记，进行编号。对于大规模苗木选择移栽苗，绝不使用野生苗或没有经过移植的苗木。苗木起苗时间和栽植时间尽量做到紧密结合，做到随起随栽，若不能立即种植的则进行假植。

2.节约型园林的应用——枕木鹅卵石道路

施工内容中，有大段枕木

图 17　精品桂花与小品布景

图 18　大树种植

图 19　沉木鹅卵石园路

鹅卵石道路，环保、节约、健康，又历史感十足，构成了园博园内一道独特的风景。该道路经由收集大量的铁轨原生枕木，配以原生态鹅卵石，铺铸而来。废弃的黑色铁轨枕木在这里得到了再利用，鹅卵石规则地散落其间，高高低低，错落有致，游人走在上边，别有情趣，感觉满是历史的记忆。

本项目还尝试大量运用形态各异的混凝土预制品作为地面、墙面的装饰面材。既保证了基本的使用功能，在花岗岩石材资源日益萎缩的今天，也是对资源的最大节约，对环保的最有力支持。

3.GPS 接收仪的使用

结合该工程项目远离高楼林立的市中心，且面积广袤的特点，我公司在施工过程中采用了GPS接收仪进行标高和定位。区别于传统的经纬仪、全站仪，该仪器的操作模式和电脑类似，易于上手，信息传递简单明了，尤其是测量放样，简单直接，多数情况下只需要一个技术员即可完成大多数的工作，另外作业不受天气光线影响，更不惧怕通视，因而作业效率得以大大提高。

第十届中国（武汉）国际园林博览会绿化及景观（二期）工程国际园林艺术中心区施工工程项

图 20　花谷桥小景

图 21　湖心灯光夜景

目，在深刻践行武汉园博园"北掇山、南理水、中织补，构建山水'十'字双轴"的核心设计理念的基础上，注重地形的丰满和层次感，着力植物配置，专注硬质铺装，把控景观的整体风格与效果。依托武汉丰富的人文资源，真正达到了以园林彰显城市魅力、提升城市品质的效果，是武汉的又一张靓丽的明信片。

环东湖绿道一期项目园林景观工程

设计单位：武汉市园林建筑规划设计院、武汉市政工程设计研究院有限责任公司

施工单位：武汉农尚环境股份有限公司

工程地点：武汉东湖风景区

开工时间：2016 年 6 月 8 日

竣工时间：2016 年 12 月 25 日

建设规模：约 130000m²

本文作者：徐宁宁　武汉农尚环境股份有限公司　副总经理

　　　　　蔡栋捷　武汉农尚环境股份有限公司　经理

　　"美景天城神仙道，水映杨柳春正早"，美丽的东湖位于湖北省武汉市武昌区东部。除却所依托的秀丽风景，它还饱含人文底蕴：屈原、楚庄王、刘备、李白、毛泽东等历代名人都曾在东湖留下足迹，当代作家陈运和也夸赞东湖"曾消化过多少历史故事，也健壮了一座城市肌体"。

　　东湖生态旅游风景区面积 88km²，由听涛区、磨山区、落雁区、吹笛区、白马区和珞洪区 6 个片区组成，楚风浓郁，楚韵精妙。湖岸曲折，港汊交错，碧波万顷，青山环绕，岛渚星罗，素有九十九湾之说。武汉大学、华中科技大学和中国地质大学（武汉）等多所全国重点大学坐落在东湖湖畔，构成一道绝佳的风景线。

一、工程概况

　　环东湖绿道一期项目园林景观工程（图 1～图 23）由武汉农尚

图 1　湖山道

环境股份有限公司承建，范围为湖山道区域，施工包含湖山道一线：起于风光村一棵树，经枫多山，新增千梅引、全景广场、碧浪临轩等多处景点，并设5处驿站与服务点，止于磨山南门，全长约4.2km，其中，绿化面积约107500m²，园建面积约计23850m²，合同总造价8016.22万元。自2016年12月28日正式开放，东湖绿道的日接待量高达200万人次。

图2 沁心林荫湖道

二、项目理念

环东湖绿道位于武汉东湖风景区，由湖中道、湖山道、磨山道、郊野道4段主题绿道组成，全长28.6km。该绿道定位为世界级水平的环湖绿道，旨在

图3 "迷雾"绿道

2018 中国园林古建筑精品工程项目集

图 4　晚间的林荫道

图 5　驳岸风浪防护景石

实现"漫步湖边，畅游湖中，走进森林，登上山顶"的建设目标，满足群众"走、跑、骑、游"等多样化的绿道功能需求，打造"武汉的新名片""世界级水平绿道""国内首条城区内 5A 级景区绿道"。

三、工程的重点及难点

　　整个项目工程施工面积较大，施工工序复杂，为确保项目在施工进程中得以顺利推进，施工单位合理配备了专业素质及施工技术优秀的施工班组进行专门施工。

1. 驳岸风浪防护景石

　　本标段项目施工中防风浪抛石主要分布在风光堤和菱角湖新修栈桥外 5m 范围内，防止风浪对栈桥的冲刷，桩号范围 hsd1K0+040-hsd1K0+540 北侧和 hsd1K1+860-hsd1K2+560 北侧，长度约 1200m。礁石主要分布在枫多山北侧，结合现状礁石以及枫多山景观方案打造礁石滩的景观效果，桩号范围 hsd1K0+780-hsd1K1+440 北侧。

　　由于本标段石料的施工主要分布在驳岸水中，无法进行现场核量工作，故现场所用石料采用磅站过磅的方式进行计量。

2. 拼石

　　若所选景石不够高大或石形的某一局部有重大缺陷时，需使用几块同种的景石进行拼合。如果只是高度不够，可按高差选到合适的石材，

图 6　拼石景观

图 7　特色驿站

图 8　虎皮颗粒墙面铺装

拼合到大石的底部，使大石增高。如果是由几块山石拼合成一块大石，则要严格选石，尽量选接口处形状比较吻合的石材，并且在拼合中特别注意接缝严密和掩饰缝口，使拼合体完全成为一个整体。

3. 驿站建筑

二标段涉及的驿站建筑共四个，分别为枫多山西驿站、枫多山驿站、梅园西驿站、碧波宾馆驿站。其中，枫多山西驿站、枫多山驿站为独立基础（不需打桩），梅园西驿站、碧波宾馆驿站基础需打桩。驿站正负零以上部分全为钢筋混凝土框架结构。外装饰有毛石墙、瓦片、防腐木等施工内容。

四、新技术、新材料、新工艺的应用

1. 虎皮颗粒墙面铺装

枫多山驿站外墙，大面积地采用了虎皮石颗粒墙面铺装。其设计灵感及理念，主要来自东湖主席纪念馆。颗粒材质的堆砌透出丝丝现代气息，斑驳的机理彰显厚重的历史感，与纪念堂遥相呼应，又营造了浓浓的人文情怀。

2. 陶瓷颗粒路面铺装

风光堤栈桥采用了宝蓝色陶瓷颗粒铺装。宝蓝色新型材料铺筑而成的栈桥小路，简洁、辽阔，刚柔并济，庄重与灵动尽显。

图 9　陶瓷颗粒路面铺装

图 10　全景广场

2018 中国园林古建筑精品工程项目集

图 11　全景广场滨水台阶

图 12　荧光步道

图 13　木栏小道

图 14　红色沥青跑道

图 15　绿道的秋日风情（一）

图 16　绿道的秋日风情（二）

3.陶瓷透水砖

陶瓷透水砖强度高，透水性好，抗冻融性能好，防滑性能好，且具有良好的生态环保性能，可改善城市微气候、阻滞城市洪水的形成，是现在首选的新型建筑材料。积极响应国家关于建设海绵城市的号召，该标段内工程大量运用陶瓷透水砖，新型又环保。

五、工程亮点

1. 全景广场特选景石

新建的全景广场有阳光草坪、滨水景观带等多处新景观，特选多种景石进行施工。

2. 全景广场滨水台阶

全景广场滨水台阶的特色在于，保留原有大树，并巧妙处理高差，安置木质坐凳。

3. 全景广场阳光大草坪

全景广场疏林大草坪的绿化以秋叶为主，春花为辅，常绿作背景，兼顾四季全景。

特选的三角枫、皂角、黄连木、美国红栎等秋色、观果观叶树种，以银杏做背景，装饰

图 17　碎石拼装及小品

图 18　傍晚的绿道（一）

2018 中国园林古建筑精品工程项目集

图 19　傍晚的绿道（二）

图 20　远观绿道

图 21　俯瞰绿道

图 22　傍晚湖心一景

布置鲜艳的时令花卉，加之设置的冷雾系统，营造出一派仙境。

4. 荧光步道

在磨山北门，一段长约300m的荧光步道，荧光步道采用经济环保的荧光石材及荧光石材粉末涂料，自身能够吸光，白天光照越强，夜晚发光越强。夜幕降临，漫步在已铺装的荧光步道上，如走在萤火虫海洋里。

图 23　绿道夜景

仔细观察会发现荧光步道上有荧光石组成的流星、波纹、圈纹等图案。将来荧光步道附近会增设定时器，隔一段时间关闭路灯，让荧光步道发光。

"水面初平云脚低"，"最爱东湖行不足"。现在东湖绿道一期已成为都市人群休闲游玩之地，绿树与建筑交相辉映，人文与园林相映成趣。游人贴近自然，满足现代人观赏、慢跑、散步、骑车等低碳出行的需要。整体实现人与自然和谐相处，园林与建筑共处相生。

工程备注

2017 年 6 月，该项目被武汉市市政行业协会评为"2016 年度市政工程金奖"

2018 年 1 月，该项目被湖北省市政工程协会评为"2017 年度市政工程金奖"

华为总部 A3 改造项目景观绿化工程

设计单位：Adrian L. Norman Limited Company
施工单位：朗迪景观建造（深圳）有限公司
工程地点：深圳市龙岗区华为坂田基地A3区
开工时间：2016 年 9 月 1 日
竣工时间：2016 年 12 月 24 日
建设规模：36800m²
本文作者：陈冬霞　朗迪景观建造（深圳）有限公司　副总经理
　　　　　吴　杰　朗迪景观建造（深圳）有限公司　副总经理

华为总部 A3 改造项目景观绿化工程（图 1～图 20）地点位于深圳市龙岗区华为坂田基地 A3 区，工程面积 3.68 万平方米，发包方为华为技术有限公司，承包方为朗迪景观建造（深圳）有限公司。

一、工程概况

华为总部 A3 改造项目景观绿化工程范围包括：室外改造区域范围内的新建景观园建土建工程、所有新建软质绿化种植工程及原有景观园建工程的拆除及外运、原有景观绿化苗木的移植及清除；软质绿化工程包括苗木采购种植、维护保养；景观园建土建工程为按照 ALN 提供的扩初施工图纸所示相关工作内容，包括大湖区相关园建及水景、道路及园路、汀步的铺装、木平台及景观桥等。

华为总部 A3 改造项目景观绿化工程于 2016 年 9 月 1 日开工，2016 年 12 月 24 日竣工，工程竣工决算 10457408 元。

二、项目理念

华为总部 A3 改造项目属于办公区域景观

图 1　工程项目全景

图2　人工湖全景

图3　人工湖旁边宁静的办公区域

改造设计，现有办公楼是仿照唐代建筑的风格而建造的，充满了复古的气息。本项目遵循"以人为本，回归自然"的园林设计理念，依托原有地形，通过人工修整，建造溪流、湖体，打造自然生态景观，用花海、林木环绕湖畔，与湖畔融为一体。一座蓝色人行小桥从溪流上飞跨而过，小桥倒映到水面，如画如图，是人工与自然的完美结合。连绵到湖畔水面的果岭草坪广场、自然石材砌就的墙面等建筑特点，使办公区更具有如梦如风般的休闲自然风情。

三、工程亮点

1. 多专业配合，交叉施工

主要内容包括场地测量、修整地形、给排水系统、电气照明系统、小品工程（假山、雕塑、喷泉等）、溪流水循环系统、土建工程、装饰工程、绿化及养护工程等。涵盖专业包括建筑、装饰、给水、排水、电气、绿化等，需要各专业人员配合施工。

2. 施工工艺精益求精

本园林工程为总裁办公室区域室外景观建设，对施工工艺要求高，材料和苗木均采用上等材料，对工人施工技术的要求严格，所有环节均要达到精益求精的效果。本工程设计中经常采用"复杂多变"的手法，采用国外设计公司新的设计理念，形成了一种自然和谐的园林景观，给施工带来了一定的难度。

为能营造更好的景观效果，设计公司对本工程的图纸按现场进行了多次修改，我司为配合设计修改，多次调整施工工期，变更施工方法，造成本工程工期延长，施工成本增加，变更指令增多。

四、工程的重点及难点

该项目景观施工重点有：水景溪流、瀑布；施工难点有：无运输通道，材料需多次运输。针对以上工程重点，难点，承包方采取了以下

图4 平静如镜的湖面，人造的溪涧小桥

图5 林荫下的汀步小径

图6 湖边美丽的花间汀步小径

图7 波光如鳞，仿如自然

应对措施：

（1）及早做好饰面材料的订购工作，确保材料及时进场不影响施工进度，铺装时严格按照图纸及施工规范进行施工；采用铲车等运输机械进行场内周转运输，溪流、瀑布置石，选用有丰富置石经验的施工队伍，确保景观效果。

（2）雨期施工措施：编制雨期施工方案，安排好施工项目，备足雨季施工材料和防雨防高温物品；种植材料存放在搭设的防雨棚和防高温棚内，以免植物雨淋、日晒、被风吹倒；做好物资设备的防淋、防湿、防日晒工作，对机电设备做好覆盖，防止设备生锈和线路漏电；搞好工地排水系统，并确保排水系统畅通，减少雨季和高温季节对施工的影响；施工人员雨期施工时必须穿雨衣、水鞋、安全批光衣等物品；高温的季节做好防暑降温措施。

五、主要施工技术与方法

1. 砖砌体的施工工艺

（1）砌砖墙

①组砌方法：砌体一般采用一顺一丁（满丁、满条）、梅花丁或三顺一丁砌法。

②选砖：砌清水墙应选择角整齐、无弯曲裂纹、颜色均匀、规格基本一致的砖。敲击时声音响亮、焙烧过火变色、变形的砖可用在基础及不影响外观的内墙上。

③盘角：砌砖前应先盘角，每次盘角不要超过五层，新盘的大角，及时进行吊、靠。如有偏差要及时修整。盘角时要仔细照皮数杆的砖层和标高，控制好灰缝大小，使水平缝均匀一致。大角盘好后再复查一次，平整和垂直完符合要求后，再挂线砌墙。

图8 层次分明的林荫花香小径

图9 像园像林又像画

④挂线：砌筑一砖半墙必须双面挂线，如果长墙几个人均使用一根通线，中间应设几个支线点，小线要接紧，每导线砖都要穿线看平，使水平缝均匀一致，平直通顺；砌一砖厚混水墙时宜采用外手挂线，可照顾砖墙两面平整，为下道工序控制抹灰厚度奠定基础。

⑤砌砖：砌砖宜采用一铲灰、一块砖、一挤揉的"三一"砌砖法，即满铺、满挤操作法。

（2）质量标准

①砖的品种、强度等级必须符合设计要求。

②砂浆品种及强度应符合设计要求。同品种、同强度等级砂浆各组试块抗压强度平均值不小于设计强度值，任一组试块的强度最低值不小于设计强度的75%。

③砌体砂浆必须密实饱满，实心砖砌体水平灰缝的砂浆饱满度不小于80%。

④外墙转角处严禁留直槎，其他临时间断处留槎做法必须符合规定。

2. 模板项目的施工工艺

（1）木模板（含木夹板）制作安装工艺

①基础模板制作安装

a. 阶梯形独立基础：根据图纸尺寸制作每一阶梯模板，支模顺序由下到上逐层向上安装，先安装底层阶梯模板，用斜撑和水平撑钉稳撑牢；核对模板墨线及标高，配合绑扎钢筋及垫块，再进行上一阶模板安装，重新核对墨线各部位尺寸，并把斜撑、水平支撑以及拉杆是否稳固，校核基础模板几何尺寸及轴线位置。

b. 条形基础模板：侧板和端头板制成后，应先在基槽底弹出基础边线和中心线，再把侧板和端头板对准边线和中心线，用水平尺样正侧板顶面水平，经检测无误差后，用斜撑、水平撑及拉撑钉牢。

②柱墙模板制作安装

a. 按图纸尺寸制作柱侧模板（注意：外侧板宽度要加大两倍内侧板模板厚）后，按放线位置钉好压脚后再安柱模板，两垂直向加斜拉顶撑，较正垂直度及柱顶对角线。

b. 安装柱箍：柱箍应根据柱模尺寸、侧压力的大小等因素进行设计选择（有木箍、钢箍、钢木箍等）。柱箍间距一般在500mm左右，柱截面较大时应设置柱中穿心螺线，由计算确

图10 繁华的都市中潺潺的小桥流水

定螺钉的直径、间距。

③楼板面模板制作安装

a.根据模板的排列图架设支柱和龙骨。支柱与龙骨的间距，应根据楼板的混凝土重量与施工荷载的大小，在模板设计中确定。一般支柱间距为800~1200mm，大龙骨间距为600~1200mm，小龙骨间距为400~600mm。支柱排列要考虑设置施工通道。

b.下层支柱应在同竖向中心点上，各层支柱间的水平拉杆和剪刀撑要认真加强。

c.通线调节支柱的高度，将大龙骨找平，架设小龙骨。

d.铺模板时可从四周铺起，在中间收口。若为压旁时，角位模板应通线钉固。

e.楼面模板铺完后，应认真检查支架是否牢固，模板梁面、板面应清扫干净。

（2）模板拆除

①墙模板拆除

先拆除斜拉杆或斜支撑，再拆除穿墙螺栓及纵横管卡，接着将U形卡或插销等附件拆下然后用撬动模板，使模板离开墙体，将模板

逐块传下堆放。

②面模板拆除

先将支柱上的可调上托松下，使代龙与模板分离，并让龙内降至水平拉杆上，接着拆下全部U形卡或插销及连接模板的附件，再用钎撬动模板，使模板块降下由代龙支承，拿下模板和代龙，然后拆除水平拉杆及剪刀撑和支柱。

3. 钢筋工程的施工工艺

（1）基础项目的施工

①钢筋网（筛底）的绑扎，四周两行钢筋交叉点应每点扎牢，中间部分每隔一根相互成梅花式扎牢，双向主筋的钢筋，必须将全部钢筋相互交点扎牢，注意相邻绑扎点的铁丝扣要成八字形绑扎（左右扣绑扎）。

②基础底板采用双层钢筋网时，在上层钢筋网下面设置钢筋撑脚（凳仔）或混凝土撑脚，以保证上、下层钢筋位置的正确和两层之间距离。

③有180°弯钩的钢筋弯钩应向上，不要倒向一边；但双层钢筋网的上层钢筋应放在长向钢筋的上边。

（2）墙、壁项目的施工

①墙的钢筋网绑扎同基础。钢筋有180°弯钩时，弯钩应朝向混凝土内。

②采用双层钢筋网时，在两层钢筋之间，应设置撑铁（钩）以固定钢筋的间距。

（3）板项目的施工

①纵向受力钢筋出现双层或多层排列时，两排钢筋之间应垫以直径25mm的短钢筋，如纵向钢筋直径大于25mm时，短钢筋直径规格与纵向钢筋相同规格。

②箍筋的接头交错设置，并与两根架立筋

绑扎，悬臂飘梁则箍筋接头在下，其余做法与柱相同。

③板的钢筋网绑扎与基础相同，但应注意板上部的负钢筋（面加筋）要防止被踩下，要严格控制负筋位置。

4. 混凝土施工工艺

（1）混凝土的运输

①混凝土在现场运输工具有手推车、吊头、滑槽、泵等。

②混凝土自搅拌机中卸出后，应及时运到浇筑地点，延续时间，不能超过初凝时间。

③混凝土运输道路应平整顺畅，若有凹凸不平，应铺垫桥枋。

（2）混凝土的浇筑

①混凝土浇筑的一般要求

a. 浇筑混凝土时应分段分层进行，每层浇筑高度应根据结构特点、钢筋疏密决定。一般分层高度为插入式振动器作用部分长度的 1.25 倍，最大不超过 500mm。平板振动器的分层厚度为 200mm。

b. 开动振动棒，振捣手握住振捣棒上端的软轴胶管，快速插入混凝土内部，振捣时，振动棒上下略为抽动，振捣时间为 20~30s，但以混凝土面不再出现气泡、不再显著下沉、表面泛浆和表面形成水平面为准。平板振动器的移动间距应能保证振动器的平板覆盖已振实部分边缘。

c. 浇筑混凝土应连续进行。如必须间歇，期间歇时间应尽量缩短，并应在前层混凝土初凝之前，将次层混凝土浇筑完毕。间歇的最长时间应按所有水泥品种及混凝土初凝条件确

图 11　自然的溪流跌水

图 12　宛如自然的山涧溪流

定，一般超过 2h 应按施工缝处理。

d. 浇筑混凝土时应派专人经常观察模板钢筋、预留孔洞、预埋件、插筋等有无位移变形或堵塞情况，发现问题应立即浇灌并应在已浇筑的混凝土初凝前修整完毕。

e. 浇筑完毕后，检查钢筋表面是否被混凝土污染，并及时擦洗干净。

②墙混凝土浇筑

a. 墙浇筑前，或新烧混凝土与下层混凝土结合处，应在底面上均匀浇筑 50mm 厚与混凝土配比相同的水泥砂浆。砂浆应用铁铲入模，不应用料斗直接倒入模内。

b. 墙混凝土应分层浇筑振捣，每层浇筑厚

图13 舒心的休闲环境

图14 绿茵的高尔夫草坪，让人心旷神怡

度控制在500mm左右。混凝土下料点应分散布置，循环推进，连接进行。

c. 施工缝设置：墙体其他部位的垂直缝留设应由施工方案确定。

（3）混凝土的养护

①混凝土浇筑完毕后，应在12h以内加以覆盖，并浇水养护。

②混凝土浇水养护日期，掺用缓凝型外加剂或有抗渗透要求的混凝土不得小于14d。在混凝土强度达到1.2MPa之前，不得在其上踩踏或施工振动。柱、墙带模养护2d以上，拆模后再继续浇水养护。

③每浇水次数应能保持混凝土处于足够的润湿状态，常温下每日浇筑两次。

④采用塑料薄膜盖时，其四周应压严密并应保持薄膜内有凝结水。

5. 花岗岩墙面工程施工工艺

（1）施工要点

①进行基层处理和吊垂直、套方、找规矩，其他可参见镶贴面砖施工要点有关部分。要注意同一墙面不得有一排以上的非整砖，并应将其镶贴在比较隐蔽的部位。

②在基层湿润的情况下，先刷108胶素水泥浆一道（内掺水重12%的108胶），随刷随打底；底灰采用1：3水泥砂浆，厚度约12mm，分二遍操作，第一遍约5mm，第二遍约7mm，待底灰压实刮平后，将底子灰表面划毛。

③待底子灰凝固后便可进行分块弹线，随即将已湿润的块材抹上厚度为2~3mm的素水泥浆，内掺水重20%的108胶进行镶贴（也可以用胶粉），用木锤轻敲；用靠尺找平找直。

（2）大规格型材的施工

边长大于60cm，镶贴高度超过1m时，可采用以下安装方法。

①钻孔、剔槽：安装前先将饰面板按照设计要求用台钻打眼，事先应钉木架使钻头直对板材上端面，在每块板的上、下两个面打眼，孔位打在距板宽的两端1/4处，每个面各打两个眼孔径为5mm，深度为12mm，也位距石板背面以8mm为宜（指钻孔中心）。

②穿铜丝或镀锌铅丝：把备好的铜丝或镀锌铅丝剪成长20cm左右，一端用木楔粘环氧树脂将铜丝或镀锌铅丝楔进孔内固定牢固，另

图 15　工作之余，柔然小憩

图 16　鲜花围绕的弯曲小径

一端将铜丝或镀锌铅丝突出。以便和相邻石板接缝严密。

③绑扎钢筋网：首先别出墙上的预埋筋，把墙面镶贴花岗石的部位清扫干净。先绑扎一道竖向 φ6 钢筋，并把绑好的竖筋用预埋筋弯压于墙面。

④弹线：首先将花岗石的墙面、柱面用大线坠从上至下找出垂直。应考虑花岗石板材厚度、灌注砂浆的空隙和钢筋网所占尺寸，一般花岗石外皮距结构面的厚度应以 5~7cm 为宜。

⑤安装花岗石：按部位取石板并舒直铜丝或镀锌铅丝，将石板就位，石板上口外仰，右手伸入石板背面，把石板下口铜丝或镀锌铅丝绑扎在横筋上。绑时不要太紧可留余量，只要把铜丝或镀锌铅丝和横筋拴牢即可（灌浆后即会锚固），把石板竖起，便可绑大理石或预制水磨石、磨光花岗石板上口铜丝或镀锌铅丝，并用木楔子垫稳，块材与基层间的缝隙（即灌浆厚度）一般为 30~50mm。用靠尺板检查调整木楔，再拴紧铜丝或镀锌铅丝，依次向另一方进行，水平尺找平整，方尺找阴阳角方正，在安装石板时如发现石板规格不准确或石板之间隔的空隙不符，应用铅皮垫牢；使石板之间缝隙均匀一致，并保持第一层石板上口的垂直。找完垂直、平整、方正后，用碗调制熟石膏，把调成粥状的石膏贴在大理石或预制水磨石、磨光花岗石板上下之间，使这两层石板结成一整体，木楔处亦可粘贴石膏，再用靠尺板检查有无变形，等石膏硬化后方可灌浆（如设计有嵌缝塑料软管者，应在灌浆前塞放好）。

⑥灌浆：把配合比为 1∶2.5 水泥砂浆放入桶中加水调成粥状（稠度一般为 8~12cm），用铁簸箕舀浆徐徐倒入，注意不要碰到大理石或预制水磨石板。边灌边用橡皮锤轻轻敲击石板面使灌入砂浆排气。第一层浇灌高度为 15cm，不能超过石板高度的 1/3；第一层灌浆很重要，因要锚固石板的下口铜丝又要固定石板，所以要轻轻操作，防止碰撞和猛灌；如发生石板外移错位，应立即拆除重新安装。擦缝，全部石板安装完毕后，清除所有石膏和余浆痕迹，用麻布擦洗干净，并按石板颜色调制色浆嵌缝，边嵌边擦干净，使缝隙密实、

图 17　休闲的亲水平石台

图 18　休闲的亲水平木台

均匀、干净、颜色一致。

6. 水洗黄（红）色石米工程施工工艺

（1）石子选用应均匀，要求粒径 5~8mm，浑圆，饱满为好。

（2）与水泥搅拌均匀：黄水泥和石米配比拌好，直接铺在路模面上。

（3）施工时要压实：压实磨平，自然风干约 0.5h。

（4）冲洗时用喷雾器和毛刷：喷雾器喷刷要均匀（尤其地面施工流水不畅要注意），喷雾器冲洗后，面层水泥浆用刷子刷一下，边刷边冲效果就较好，用海绵拖轻轻吸均，以防把石米带出来。

（5）注意养护。

7. 电气工程施工工艺

（1）线路敷设

① 定位划线、挖管沟的施工

a. 先确定起点和终点位置，在相应的位置打下木桩，然后用粉线袋按导线走向划出正确的线路。

b. 勘察敷设线路，了解地面及地下障碍物，了解其他专业管道的位置、大小与标高，打下木桩，作好记号。

c. 管沟开挖深度按设计深度，注意不要超过设计深度，埋管前清理干净沟内松土，若为松土回填土，应进行夯实处理，电线管埋在硬地面下时，线管应敷设在被夯实的土层上。

d. 室外电缆敷设的线路上，应设置人孔及手孔，直线段每隔 50~100m 设置一处手孔，电缆转弯和分叉处设置人孔，电缆跨越道路时，在道路两边设置手孔。

② 线管的铺设

a. 线管运至工地时，应对线管进行检查，检查项目有：线管应有材质证明文件和生产合格证；线管的型号、规格符合施工的需要；线管的壁厚及外观符合要求。

b. 暗配钢管的连接和接地。UPVC 管用专用胶水连接，镀锌钢管用螺纹连接。

c. 线管在管路敷设完成后，所有的管口必须用电胶布作封堵处理。封堵要严实，不能有水泥、砂石、泥土、雨水及其他杂物进入，以便穿线方便。

（2）管内穿线

① 电缆的弯曲半径不应小于其外径的 15

图19 各色花草把湖面装扮得更加美丽

倍，电缆穿管的管径不应小于电缆外径的1.5倍。

②电缆穿过水池壁，应采取穿防水套管的防水措施。

③连接设备或灯具的电缆，应预留适当长度作为检修和调试设备或灯具用。

④暗配管不宜穿越设备、建筑物、构筑物的基础，以防止基础下沉或设备运转时的振动，影响管线的正常工作。

⑤配管进入配电时，管子应排列整齐，管口应高出基础面50~80mm。

⑥穿线工作应严格按照设计图纸和国家施工及验收规范的要求，所使用的电线应为合格的产品，电线的型号和规格应符合设计要求，并根据以下规定选用电线的色标：

a. 相线的颜色色标规定为L1（U）相电线用黄色线，L2（V）相电线用绿色线，L3（W）相电线用红色线。

b. 零线（N）使用淡蓝色线，地线（PE）用黄绿线。

⑦穿线的电线一定要按上述规定分清电线的色标，给接线及校线、维修等提供方便。

⑧电线在管内不允许有绞股现象，因此要边穿线边放线，消除电线的弯曲。同时，在穿线的过程中，要避免电线在管口直接摩擦，防止破坏电线的绝缘层。

⑨在管内穿线工作结束后，应立即进行校线和接线，校线和接线应同时进行。校线的方法有两种，一种是根据管子两端的色标，将电气回路接通；另一种校线办法是采用电话校线。

⑩对于配管配线，电线接头不允许在管子中间，而应在管子与管子之间的接线盒中接线，并由接线盒将电源引向用电器具或开关、插座等。

⑪在接线盒中连接导线前，应在每个盒子的管口套入与管径匹配的塑料或橡皮护圈，防止电线与管口直接接触，保护电线的绝缘层。

⑫接线完毕以后，用500V兆欧表检查每个回路电线的对地（钢管\金属箱外壳均为地）绝缘电阻，绝缘电阻符合要求.例如,对动力或照明线路，绝缘电阻应≥0.5MΩ；对于火灾报警线路，未接任何元件时，单纯线路的绝缘电阻应≥20MΩ。

⑬导线的连接：多膜铜蕊线应用同规格的铜接头压接或做成"羊眼圈"状糖锡；单股铜蕊线可采用安全型压帽压接。

（3）灯具安装

①灯具在安装前，应先将灯具通电试亮，对不合格的灯不能安装。

②灯具的金属外壳应可靠接地以防漏电。

③水下灯具在接线处要用水下接线盒，为防止接线盒密封效果不行，可以往接线盒内灌满石蜡防水。

④水下灯的进线口及灯面板应有橡胶密封

杂苑

2018中国园林古建筑精品工程项目集

图 20　造出天然

圈，螺栓应拧紧防水。

（4）水泵的安装

水泵的接线是电机安装中一项十分重要的工作，接线前应按以下步骤施工：

①先了解设计图纸的接线电路图，接线时可按电动机接线盒内的接线图接线。

②水泵在接线前，应检查电动机的绝缘，在接线之前完成对电动机的单体调试检查，当电动机符合现行规范要求时，再接外部线。一般低压电动机的绝缘电阻要求大于 0.5MΩ，兆欧表使用 500V。

③电动机应该有可靠的接地（或保护接零），接地线一般借助于配线用的钢管用软电线来实现，也可以由接地母线单独引入接在电动机的金属底座上。电动机的三根外输入电源线（或者四线）要求穿入同一节钢管内，以便使作用于管壁上的合成磁势为最小，减小管子的发热。

六、新技术、新材料、新工艺的应用

该项目在营建过程中运用了多种新材料、新技术及新工艺，如雨水回收利用技术、园林灌溉的微喷应用；采用新技术措施，提高苗木成活率；采用的新材料包括软式透水管、ABT-3 生根粉和 KD-1 型保水剂的新型科研成果等。完成了诸多现实中的施工难题，顺利完成了项目的营建工作，完全达成了设计意图与业主的效果要求。

工程备注

该项目被深圳市园林协会评为"2017 年度养护工程大金奖"

第九届江苏省园艺博览会博览园绿化景观工程三标段

设计单位：江苏省城市规划设计研究院
施工单位：常熟古建园林股份有限公司
工程地点：江苏省苏州市吴中区临湖镇
开工时间：2015 年 5 月 4 日
竣工时间：2016 年 4 月 15 日
建设规模：120975m^2（绿化面积 75000m^2）
本文作者：顾益安　常熟古建园林股份有限公司　项目经理
　　　　　金　力　常熟古建园林股份有限公司　项目副经理

HISTORIC BUILDING
GARDEN

第九届江苏省园艺博览会以"水墨江南·园林生活"为主题，围绕"山水田园、生态科技、人文生活"三大理念，全面展示江苏省风景园林艺术的继承和发展，呈现唯美的太湖山水、古典的苏式园林、本真的江南农庄和深厚的古吴底蕴，为江苏省生态环境、人居环境和美好江苏建设做出了新的贡献（图1）。

图1　园艺博览会主入口标题景观

一、工程概况

第九届江苏省园艺博览会博览园景观工程三标段，由常熟古建园林股份有限公司承建，工程位于吴中区临湖镇，内容包括铺装、挡墙、排水、绿化等，整个项目景观绿化面积约120975m^2，合同金额6821.92万元。

本标段工程范围位于园艺博览会博览园南园路以北沿河区域景观绿化工程，主要特色景点为儿童剧场、光影回廊、趣味沙滩、3D立体视觉秀、木色车轮、山水映像、凌云秀石、泛舟渔樵等，这些景观均围绕现代木结构展示馆、威尼斯园、维多利亚园、美食汇、常州园、南京园、生活园艺展园、镇江园、泰州园、扬州园等各式展园展开，通过承建方精心组织施工，在2016年4月15日顺利完成（图2~图9）。

二、项目理念

结合本届园艺盛会"水墨江南、园林生活"的主题，本工程将太湖生态之美、江南园林之雅、吴地文化之百、田园生活之乐与现代园艺之巧充分融合，力求为每个游客描绘一幅美轮美奂的江南梦境图，充分体现园林生活特色风景（图10~图16）。

三、工程亮点

扬州园为了与大片保留的银杏林融合，在过渡之处巧妙构思，外围种以落叶树种朴树，内侧植以常绿竹搭配桂花、鸡爪槭、桂花等，形成春赏花夏纳凉，秋色赏银杏"遍地金"的唯美景致。在表现手法上，展园大量运用竹文

图2　园艺博览会各分景点入口指示标志

图3　园路、雕塑与绿化完美结合组团成景

图4　镇草园路配置两侧绿化空间张弛有度

图5　特色雕塑体现吴文化气息

图6　锈铁板栈道加温泉黄石假山跌水

图7　大乔灌木与景观建筑搭配生态和谐

图8　近中远植物多层次分明、错落有致

图9　河道生态驳岸与植物搭配

化、竹元素精心打造"归田园居"主题。

泰州园则通过由表面雨水滞留层、种植土壤覆盖层、植被砂滤层等构成的生物滞留系统,达到对雨水最大化收集和净化,形成对景观功能、生态功能和社会功能的多元诉求,生动展示"海绵公园"的设计理念。

南京园单独坐落在中心湖南侧的一个人工小岛上,充分利用坡向、洼地、浅滩、驳岸等立体地形,通过一系列的筑滩理水改造,再现自然乡野的山水风貌,并融入江南人文逸趣,形成独具特色的山野田园和湖泊水草景观。

结合地形高差,顺应地势,巧妙勾画出清新亮丽的乡野近景与质朴朦胧的烟雨远景这双重景色。

常州园地形高差较大,溪水从山上源头涌出,层层跌落,水声清越,顺地形蜿蜒而下汇入"多彩七溪"中的青溪,取名"石壁流淙"。在山涧溪水汇流之处,建有一座风格古朴的河埠头,取名"水调埠头",游人在此可观水、可远眺、可小憩。

镇江园运用一条贯穿全园的清澈水线,将主入口景观和体现湖熟文化的浪漫山居、诗歌文化的自在山居、隐逸文化的清梵山居完美串联起来，充分利用生态驳岸、雨水收集、生态铺装等先进技术，同时通过生态铺装、文化景墙、情景雕塑等相结合的形式生动呈现泰州"临水而居、汲水而生、治水而兴"的文化风貌。

儿童剧场、光影回廊、趣味沙滩分别通过草坪、雕塑、人造沙滩等景观元素体现出人文气息，通过各式亲子设施不仅得到放松休闲的效果，还更加使得人文关怀体现其中。

四、工程的重点及难点

（1）本标段工程展园分布多而散，并且地理位置均位于南加园路和中心湖位置，沿线各子项目距离延伸过长，市政、景观小品、钢结构、水电、绿化等工程交叉施工，钢结构造型复杂，项目分项多，工艺要求高，工期要求紧。

（2）本工程为大型综合性工程，对工程质量、技术、安全、组织等均有较高的要求。

（3）本工程苗木品种数量多，特别是大树多，部分树木还在岛内，造成施工现场作业狭窄、局部交通运输和施工较为困难。

（4）工程施工期间受台风、雨季等突发性灾害天气的影响。

承建方与甲方、设计、监理等部门

图 10　乔木之间草花地被植物锦上添花

图 11　雕塑、园路与绿化植物搭配（一）

图 12　雕塑、园路与绿化植物搭配（二）

图 13　黄石假山驳岸自然生态

图 14　水上森林自然生态绿色盎然

图 15　水榭曲桥体现古典园林之美

充分沟通、配合，并投入大量劳动力，做好了各种施工计划，为安全环保、文明施工、科学管理、保质保期的完成本工程做出最大的努力，在圆满地完成施工任务前提下保证了工程质量及安全，并做好预防，成功应对了灾害性天气的影响。

五、新技术、新材料、新工艺的应用

（1）采用一些新技术、新材料提高苗木成活率。如：增加使用生根粉、抽枝宝、保水剂等各种植物营养液，保证植物恢复生长的需求，增加苗木的成活率。养护中使用粉碎机将养护内的落叶、树枝等绿化垃圾进行无公害消纳，将有机质还原到土壤中，增加土壤肥力的同时实现了零垃圾。

（2）趣味沙滩采用新产品白沙。颜色白度高，颗粒均匀，永不褪色。沙粒质地硬，不容易粉化，颗粒晶莹剔透。杂色颗粒少，无粉尘，对人体无害（图17）。

（3）海绵城市技术。通过由表面雨水滞留层、种植土壤覆盖层、植被砂滤层等构成的生物滞留系统，达到对雨水最大化收集和净化，满足了对景观功能、生态功能和社会功能的多元诉求（图18）。

（4）彩色沥青路面。彩色沥青混合料由彩色胶结料、颜料、集料、填充料等组成，透水沥青路面的沥青层应用，基层和垫层采用全透水结构，雨水可直接经过路面结构层渗透至路基，避免渗透雨水对路基稳定性造成影响，具有色彩丰富、透水透气、降低"热岛效应"等特点，既可以美化环境、凸显自然情趣，又满足了人们对现代生活的要求。用彩色沥青铺筑的道路不仅比透水砖铺筑的牢固，还增加了道路艺术效果，彰显了现代都市气息，展现了城市风格（图19、图20）。

图16 临水平台给游人带来休憩好场所

（5）园林古建工艺技术措施。仿古景观中，使用了公司自主研发的植筋灌浆锚固仿古石栏杆等实用新型专利，使得仿古景观既有古色古香的效果，又坚固耐用（图21、图22）。

图17 特色沙滩给儿童带来乐趣

图18 景观建筑周边绿化及海绵城市技术应用

图 19　水迷宫园路花坛与绿化植物搭配

图 20　变废为宝、循环利用、生态环保

图 21　古式木桥功能实用美观大方

图 22　垂直绿化与钢管廊架相遇，简约而不简单

青奥文化体育公园项目
园林景观绿化及相关配套工程

设计单位：南京长江都市建筑设计股份有限公司、南京大学建筑设计研究院有限公司

施工单位：武汉农尚环境股份有限公司

工程地点：南京市建邺区青奥文化体育公园北区东半部

　　　　　（东起油坊桥，西至夹江，南起城南水厂，北至绿博园）

开工时间：2013 年 9 月 1 日

竣工时间：2014 年 8 月 10 日

建设规模：约 151000m²

本文作者：李向阳　武汉农尚环境股份有限公司 经理

　　　　　张　宁　武汉农尚环境股份有限公司 经理

　　2014 年 8 月，第二届夏季青年奥林匹克运动会在中国南京举行。这是我国承办的又一次国际性综合体育盛会，也是目前南京承办规格最高的体育赛事。南京青奥会给汇集古都特色和现代文明的人文绿都南京，带来一次前所未有的发展机遇。青奥文化体育公园的成功建设，给有着 2500 年历史的南京城留下了中西文化交汇的浓浓青春气息，也铭刻了贯穿古今的深深青奥印记。

一、工程概况

　　青奥文化体育公园位于南京市建邺区，是南京青奥会唯一新建场馆区域。其中，武汉农尚环境股份有限公司承建施工了青奥文化体育公园项目园林景观绿化及相关配套工程（二标

段）（以下简称"青奥体育公园二标段"，图 1～图 20）。青奥体育公园二标段东起油坊桥，西至夹江，南起城南水厂，北至绿博园，占地面积约 17 万平方米，包含健身中心、文化艺术中心、别有洞天、和园老宅、预留运动场等施工区域，合同造价 13462.36 万元。

　　青奥体育公园二标段施工内容中，既有运

图 1　公园入口大门

动性场地建设，也包含了人文建筑群，是公园各标段中现代文明与古老历史文化撞色最为鲜明的区域。本工程项目中，不仅多处使用了节能环保、耐候持久、富有工业感造型的新型园林建材，同时大量使用了充满雅致古意的中国传统园林造景材料，各自形成独立的景观群，相互衔接却又毫无违和感。在植物配置和绿化景观上，小巧婉约的庭院园林和大气洗练的单一规格行道树阵，各显燕肥环瘦之不同的视觉美感。

二、传统古典园林之造景

1. 徽派建筑代表"和园"之园林小景

马头墙、小青瓦、雕花窗、牌坊、飞檐……走进和园，眼前这一切，让人一下子"穿越"到了古代。和园老宅，主体建筑由江西婺源迁建而来，原为明末崇祯年间大学士何如宠宅地，属于清代徽派建筑，是传承和弘扬中国古典文化的代表典范。老宅园里，四季均可赏景，乔木有广玉兰、香樟、榉树、朴树、紫薇、枇杷等；灌木有桃叶珊瑚、月季、迎春等；湖石围

图2　徽派建筑代表"和园"之园林小景（一）

图3　徽派建筑代表"和园"之园林小景（二）

图4　徽派建筑代表"和园"之园林小景（三）

图5　石雕门窗围

就的池塘里还种植了荷花、睡莲，处处皆是官宦宅邸庭院小景，映衬着青瓦、飞檐、古梁、石板，体现中式庭院园林的小巧别致。

2. 石雕门窗园

和园西侧，有一个独特去处——古石雕门窗园。门窗园共由18扇古石雕门组成，依次排列，成行成阵，其主要部件皆是明清时期的民间古物，来自古石件收集爱好者的慷慨捐赠。石雕大门及门槛，分立两侧的石鼓、石狮，还有石制八仙桌椅，用浮雕、阴刻、透雕的传统技艺手法雕刻着显示富贵吉祥的花卉、动物以及彰显宅邸主人价值观的楹联，历来是古代殷实大户人家身份与富足的象征。

穿越一扇扇繁复精致的雕花石门，体味不同年代的人在门窗上寄托的家族兴旺的美好意愿，仿佛穿越历史一般，不禁让人驻足流连；"装裱"古门窗的灰黑青砖，统一风格的飞檐青瓦，既与一侧的和园老宅的建筑风格形成呼应，又与另一侧的运动场和透水混凝土路面形成剧烈的风格撞色，饶有趣味。

3. 明清古石雕博览

青奥体育公园里临江处的滨江石雕博物馆，更是明清古石雕集大成之所在，园内有石塔、石亭、圣旨碑、花板、石狮子、花缸等3000多件石雕，造型各异，雕刻手法不一。在这些石雕中，除了部分做古做旧的仿制品石

图6　石雕门窗园夜景

雕之外，还不乏载有厚重历史的古石件，其中一座石塔，周身斑驳，并不显眼，但年代可追溯到五代十国时期。

石雕博物馆中最具特色的仍是圣旨碑。圣旨碑意即上级官署下发的表彰信，雕刻着表彰内容。为了凸显圣旨碑的尊贵与光耀门楣之效，专门修建了一座石制牌楼，中心安放着圣旨碑。

更有意思的是，在和园门口，有一块石雕牌非常显眼，牌上写道："府正堂峻示：石板大路禁止铁头打杵车行如违拿究。"意思是"禁止重型车通行，如果违反即被处罚。"凡行人至此，皆逐字念出，令人忍俊不禁。

4. 超大规格古树移植

和园正门，栽有一株来自湖南的独杆桂花古树。桂花古树为修筑公路时移植，树龄已超过二百年，是南京河西罕见的桂花王。和园老宅墙外，还有一株同样来自湖南、干径约有1m的百年朴树。两棵古树树龄超长，从未被移植，而栽植期恰逢盛夏，施工和保活技术难度要求尤为突出。在古树栽植及养护期间，应用了有效的保护措施，抵御住了南京2014年盛夏酷暑高温和2015年冬季极寒低温，在初春四月间，嫩绿萌树端，春意闹枝头！

5. 古明城墙式围墙

黄金麻通常以荔枝面或光面规则板的形式出现在园林景观的面层装饰中。在青奥公园5m高的大门和滨江石雕园旁的围墙上，出彩性地贴饰着7种规格的5cm厚天然黄金麻自然面，外形酷似城墙砖。高大宽阔的城墙体视觉效果超乎意料的明快精致，又不失磅礴厚重，

图7 明清古石雕博览

图8 明清古石雕博览之圣旨碑

以一种新式的城墙质感向拥有600多年历史的南京古明城墙致敬。

6. 整齐规则的行道树林与混合林

篮球场、网球场外围，是由中国传统材料小青砖铺筑的园路，园路周边栽植着南京最具有代表性的乔木——法桐，以及具有江苏代表性的树种——银杏及香樟。整齐高大的法桐行道树在透水混凝土道路上分立两侧，使步道并

图 9 超大规格百年朴树

图 10 古明城墙式围墙－黄锈石城墙

图 11 整齐规则的行道树林

不像想象中那样空旷；规则的银杏、香樟树配合着竹木铺装，不仅给人明确的引导性，而且恰到好处地对竹木道路进行了分割，使之看起来尺度适中。道路缝隙中还扦插了 LED 灯线，夜间犹如夜空中的繁星。

依河而建的健身中心周边栽植着一片乔木混合林，品种以榉树、水杉、椤木石楠、枫香、桂花为主，仿拟小型生态林，安静、阴凉，是公园里锻炼健身的一处净地。

7. 庆典广场

滨江大台阶以东，穿过规模宏伟的公园中心建筑，顺着梯级台地的引导，便是庆典广场。

庆典广场并非传统理解的广场，它不仅面积广阔，而且有着极其丰富的景观效果。配合着公园中心的建筑风格，庆典广场具有强烈的线条流线感，每一处铺装，每一块砖，都经过严格设计。为了避免大面积铺装而带给人们生硬的感觉，庆典广场采用了不同模数的灯砖，镶嵌在广场铺装中。依照放射线分布的灯砖，每一个线条中又有着大小不一的变化，配合着不同材质的花岗岩铺装，不论是白天或者夜晚，都给人带来丰富的视觉感受。

8. 运动广场

运动广场和配套建筑形成了公园热闹的一角，下沉划分的若干塑胶场地成为人们球类运动的理想户外场地。

三、新技术、新材料、新工艺的应用

1. 大树移植的快速补充养分和水分的装置

施工期间，栽植桂花古树和朴树古树以及其他乔木时，采用了公司自有专利（专利号为

图 12　整齐规则的混合林

ZL201220409236.7）大树移植的快速补充养分和水分的装置，针对大树移植后的保活、补水、养护采取的措施，有效实现大树水分蒸发损耗后快速补充养分及水分，并能保证水分及时到达大树根系，还能提高树木下土壤与外界的物质交换，增加土壤的活力及改善土壤的通气环境，使大规格苗木在移栽定植后得到了良好的恢复与生长，从而保证了苗木的成活率。

2. 树木冬季保温装置

2015 年冬季，南京市连续出现极寒低温天气。为此，公司使用了自有专利（专利号为ZL201220429389.8）针对于冬季乔木根部保温采用新型装置，采用人造草皮与塑料泡沫板、化纤丝网格布组合在一起，可根据树圈类型，自主拼接成所需要的形状，覆盖在乔木树圈上，既可对树圈进行有效的保温，同时能够保证树圈不露土的良好观感效果。

3. 青石板老料

充满现代感的青奥体育公园内，地面铺装材料最常见的材料是青砖、花岗岩地面砖、沥青混凝土。为了配合中式景观的跳脱出现，和园老宅宅内、外围广场、滨江石雕园园路地面上，采用了 800mm×600mm×100mm、

图 13　流线型设计的带灯砖庆典广场

图 14　运动广场

图 15　青石板老料

300mm×1500mm×150mm 两种规格的青石板老料。青石板老料自然清新，清幽古朴，古色古香，极好地呼应陪衬了周边的历史沧桑感，

图 16　LED 节能灯带

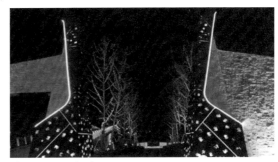

图 17　LED 灯效

营造出"小桥流水人家"的恬静质朴，带来返璞归真、融入自然的典雅之美、复古之感。

4.LED 节能灯

LED 节能灯是一种利用发光二极管作为发光体的绿色光源，具有高节能、利环保、寿命长、体积小、颜色多变幻等特点。

本工程在公园大门手印墙里，和园老宅主要部位及围墙边缘处安装了带形LED节能灯。夜间，华灯初上时，LED节能灯用极富穿透力、亮度更高的暖黄光、钴蓝光、冷白光、跳红光，装饰着各种曲线的边缘，从刻意留出的镂空或缝隙中射出光芒，与周边景观交相辉映，形成多彩多造型的光影艺术，绽放出与白天迥异的热烈与活泼。

5. 火山岩黑洞石及玻璃钢龙骨

暗灰黑色的火山岩黑洞石是一种多孔性天然石材，富含硅、钾、钠、铁、镁、铜、镉等矿物元素，能释放大量的能量负离子，并产生磁效应，具有珍贵的环境调整功能。青奥体育公园的沥青路面旁，沿途使用了黑洞石嵌草铺装，粗糙的孔洞表面和灰黑低调的色泽，显得既质朴大方，又可对步行路人有益健康。

图 18　黑洞石嵌草铺装

黑洞石铺装基层铺设时使用了玻璃钢格栅，此种材料具有重量轻、强度高、耐腐蚀、抗疲劳性、安装方便、安全性等诸多优良性能，因此，在本工程中地面装饰铺贴中得以大量推广使用。

图 19　耐候钢板门柱

图 20　耐候钢板手印

6. 耐候钢板

青奥体育公园入口大门两侧的近 10m 高的红赭石色门柱，镂空切割出运动员的手印形状，仿佛在热烈地迎接游客的到来。

公园门柱大胆采用了新型特种钢材——耐候钢。耐候钢暴露在自然环境中时，钢材表面自动形成抗腐蚀的保护层，无需涂漆保护，抗大气腐蚀和耐候性能十分出色，具有减薄降耗、省工节能等特点，材料寿命长达 80 年以上，降低了钢构养护和替换成本。并且，因外观颜色呈红赭石色，色彩饱满、凝重大气，与周边仿古城墙的黄锈石饰面砖形成古老与现代对比反差的出彩效果。

工程备注

2017 年，该项目被中国建筑节能协会、《中国花卉报》评为 "中国屋顶绿化与节能优秀项目"

2017 年，该项目被中国民族建筑研究会绿色建筑与节能专业委员会评为 "绿色创新推荐品牌推荐项目"

2016 年，该项目被武汉市城市园林绿化企业协会评为 "2016 年度园林绿化优质工程金奖"

运河丹堤项目示范区景观工程

设计单位：中海宏洋地产（扬州）有限公司
施工单位：扬州意匠轩园林古建筑营造股份有限公司
工程地点：扬州市古运河以东、华扬东路以南、规划河流滨河防护绿带以北、周庄河西支路以西
开工时间：2014 年 5 月 12 日
竣工时间：2014 年 11 月 20 日
建设规模：32280m²
本文作者：黄少清 扬州意匠轩园林古建筑营造股份有限公司 项目经理
　　　　　韩婷婷 扬州意匠轩园林古建筑营造股份有限公司 项目深化设计师

HISTORIC BUILDING
GARDEN

　　运河丹堤项目（图1）位于扬州市古运河以东、华扬东路以南、规划河流滨河防护绿带以北、周庄河西支路以西，无论其建筑设计，还是园林规划，都与古运河景观带相依相融，成为古运河边上一个独具生态魅力和风情的特色景区。

一、工程概况

　　运河丹堤项目示范区占地面积32280m²，施工内容包括土方工程、硬质景观工程、绿化工程、景观照明工程、水景工程。运河丹堤项目示范区景观工程的建设单位为扬州中润置业有限公司，监理单位为扬州市建筑设计研究院有限公司，设计单位为中海宏洋地产（扬州）有限公司，施工单位为扬州意匠轩园林古建筑

营造股份有限公司。

　　运河丹堤项目示范区景观工程于2014年5月12日开工，2014年11月20日竣工，工程竣工决算2000万元，工程竣工后，由扬州中润置业有限公司、中海宏洋地产（扬州）有限公司共同完成验收。

图 1　红枫迎客至

图2　美不胜收的宫庭景观

二、项目理念

运河丹堤项目示范区景观工程整体设计风格为法式皇家园林风情（图2），以中央广场为轴线，以街、园、花、木为延续，布局有序严谨，规模宏大，轴线深远。运河丹堤项目示范区最具特色的建设区域是中央广场景观，一平台、两广场、四空间，动静有序、环环相扣、恢弘对称。中央广场景观的四空间分别为儿童游乐空间、有氧活动空间、邻里交流空间、家庭休闲空间，为不同业主需求设计，每一位业主在园中都能找到适合自己的休闲空间，如

图3　待到山花浪漫时

图4　层次丰富、多姿多彩的植物群落

图 5　特色摆件，相映成趣

图 6　因过竹院逢僧话，偷得浮生半日闲

图 3～图 5 所示。

　　该项目将法式园林的尊贵与礼制嵌入中国园林的细腻与师法自然，纵横捭阖的公共空间包容私密温馨的邻里交流场所，带给人们极致经典的享受，如图 6 所示。

三、工程亮点

　　运河丹堤项目示范区景观工程为强化法式皇家园林的风格，突出园林景观对建筑的烘托和陪衬作用，项目部在具体施工过程中，在

图 7　长空下的骑士风采

图 8　半亩方塘一鉴开，天光云影共徘徊

硬景铺装中运用了大量对称的拼花图案，线条流畅大方，围栏、石材线条、雕花以及花钵的加工精美细致，用料考究，异型部位、接口处处理到位、做工精细，增强了景观的立体感和层次感。植物景观以对称式为主，根据气候对树种进行统一的、有序的规划与分布，伴随四季交替呈现出不同风情：春则繁华似锦，夏则绿茵暗香，秋则霜叶似火，冬则翠绿常延。景色层层交错递进，各种小景沿着中轴线依次铺开，园林中的亭子、树木、灌木、雕塑、水景都讲究对称排布，勾勒出无限气派。如图7～图11所示。

为丰富植物生态多样性及层次变化，大小乔木、大小灌木、地被植物与草坪、花卉五个视觉层次的结合，苗木配置以常绿树为基调树，色叶树穿插其间，再配以乡土果类植物，在乔灌、地被、草坪的选择及搭配上巧用植物特点，高低错落、生态饱满、层次分明，植物造景效果突出，季相变化丰富，真正做到移步换景、三季有花四季绿，使园林景观产生丰富的层次感，并更加亲切怡人，为业主营造出一个温馨舒适的自然交流空间。

四、施工管理

自承建伊始，扬州意匠轩园林古建筑营造股份有限公司运河丹堤项目部选派技术骨干担任项目经理，项目管理做到了人员精干、分工明确、管理到位。

为确保该项工程质量达标，运河丹堤项目部按照科学施工组织设计的要求，牢固树立品

图9　踏石而来，傍水而憩

图10　青台跌水响，花钵吐纷芳

牌意识、质量意识、责任意识，落实过程管理，严格控制各个施工环节，从清理场地开始，到整理便道、外进土方、土方堆筑、土方造型等，再到最后的苗木种植，全部做到事前认真审图、积极与监理和甲方沟通协调，施工过程严格安全质量检查、事后及时总结经验和教训。

由于严格按照项目管理规范的要求进行组织施工，工程自开工到竣工未发生任何安全和质量事故，各分部分项质量全部验收合格，全面实现了投标时的承诺，获得建设单位好评。

图 11　特色休憩廊架

五、主要施工技术与方法

在运河丹堤项目示范区景观工程各分部分项工程的施工过程中，扬州意匠轩园林古建筑营造股份有限公司运河丹堤项目部在施工方法、施工技术方面，主要采取了以下措施：

1. 植物绿化

运河丹堤项目示范区景观工程坚持适地适树的原则，强调地方特色，以乡土性、适应性强树种为主导，适量引种观赏植物，满足功能、景观要求，形成整体效果统一和各具特色的绿化景观效果。因此，具有适应性广、抗逆性强、易养护管理、易就近取得、能自然繁衍成林、具有地方特色的乡土树种，理所当然地成为"生态优先"的最佳选择。

在深化设计和施工过程中，设计院及运河

丹堤项目部积极采用扬州及江苏地区的乡土树种，如香樟、朴树、樱花、紫薇、桂花、银杏等，以此为主组建植物群落。同时，将杨梅、枇杷等乡土果木引入小区绿化中，营造出花果飘香及季相变化的效果，既提高了生态效益，增强绿化造景效果，同时降低造园成本，达到双赢的效果。如图 12～图 16 所示。

图 12　有氧空间，春意盎然

图 13　精致造型

图 14　春草深处兔归来

2.硬质景观

硬质景观作为运河丹堤项目示范区景观工程的一个重要组成部分，项目部通过对入口、道路、空地、广场等进行不同形式的印象组合，在营造空间的整体形象上发挥了极为重要的作用。

中海地产公司对道路铺装及小品施工的质量要求严格，做工要求精细，各种材料对接处理要求到位，铺装的平整度要求高。项目部运用丰富多彩的建筑材料，多样化的铺装形式，使得硬质景观不论是形式还是颜色的搭配都显得多姿多彩。

为确保运河丹堤项目示范区的施工全面达到甲方要求，项目部在硬质景观建设过程中还引入了工厂化概念，铺装板材、异形板材、接口部位在加工场一次切割成型，杜绝了施工现场的二次加工。各类规格板材的尺寸误差严格控制在 0.5mm 以内，做工十分精细、用料极为考究。所有铺装石材采用最新的石材胶粘剂和填缝剂，在加强粘结力度、防止石材脱落的同时，防止石材反碱、流泪，保持石材的表面整洁。园路的铺装使用透水砖和透水混凝土，

图 15　丰草绿褥，佳木葱茏

做到园路无积水，既利于雨水的自然渗透，又预防了因路面积水而造成行人滑倒的现象，如图 17 ～图 20 所示。

六、新技术、新材料、新工艺的应用

运河丹堤项目示范区景观工程在施工过程中积极创新，广泛运用新技术、新工艺、新材料，为社区精心打造尊贵、舒适、宜人、自然的居住环境，凸显法式皇家风情，使之成为扬州古运河畔高端典范之作。

图 16 青翠欲滴的植物景观

图 17 花开半边红

1. 石材表面成型加工工艺的应用

为响应建筑业工厂化项目的实施，同时进一步提高本项目示范区硬景石材的加工质量，突出法式皇家园林有序严谨的风格，公司在本项目施工中尝试性运用一种全新的"石材表面成型加工工艺"，在异型切割、抛光打磨、表面图案处理等方面完全摒除人工补充工序，实现石材的全机械化生产，大幅度提升石材的外观质量和生产效率，且降低了制造成本。

2. 乡土树种全冠移植促生技术的应用

在施工过程中，运河丹堤项目部广泛应用新的植保手段，提高乡土树种全冠移植的成活率，形成"乡土树种全冠移植促生技术"，包括全冠移植土球起挖技术、树根防腐处理和促生技术、苗木运输保湿保温技术、乔木修剪疏枝技术、土壤改良整治与透水透气技术、营养液有机肥选用技术、名贵苗木跟踪养护技术。

在苗木种植前，对选定移植的乔木进行切

图 18 碧绿深处有人家

图19 山重水复疑无路

图20 夹道漫步，一揽胜景

根、转坨、疏枝整形、增施基肥等措施，以保证移植的成活率；通过主干保护、根部水分补充、喷雾、剪枝创口消毒打蜡、植保等手段，来培育增强植株对搬移的适应性，施工人员通过严格的到货验收确保上述措施的实现，从而使所选的苗材栽植以后不仅成活，而且一次成形、长势良好，运河丹堤项目示范区景观工程苗木成活率达到98%以上。

3. 大量使用透水材料提高雨水利用率

运河丹堤项目示范区在园路铺装上大量采用透水砖、透水混凝土、卵石，以促进雨水的渗透和收集。

透水砖具有透水、保水、通气、耐压、耐磨、防滑等特点，下雨时雨水会自动渗透到砖底下直到地表，部分水保留在砖里面，做到了地面无积水现象。透水混凝土又称多孔混凝土，不含细骨料，蜂窝状结构均匀，具有透气、透水和重轻的特点。卵石是景观透水材料中透水效果较好的一种，吸收水分的功能很有限，常用于休闲场地和庭院。

运河丹堤项目部广泛采用透水材料，不仅有效地增加了小区的透气、透水空间，同时也符合维护生态平衡，让雨水汇集流入植被地下，有效补充了植被地下水，增加了植被的保湿效果，实现了人与自然和谐发展的原则，对于调节城市气候也会起到一个很好的促进作用。

苏杭之星一期景观绿化工程

设计单位：上海景观实业发展有限公司

施工单位：浙江天姿园林建设有限公司

工程地点：苏州市吴江区盛泽镇秋泽路 988 号

开工时间：2015 年 6 月 1 日

竣工时间：2015 年 9 月 30 日

建设规模：21413m²

本文作者：俞 倩　浙江天姿园林建设有限公司　办公室主任

　　　　　陈国权　浙江天姿园林建设有限公司　项目经理

苏杭之星一期景观绿化工程（图 1 ～ 图 23）位于苏州市吴江区盛泽镇秋泽路 988 号，工程总面积为 21413m²，小区内铺装、景观、土方、绿化、安装造价共 22099592 元。工程于 2015 年 6 月 1 日开工，2015 年 9 月 30 日竣工，由江苏立新置业有限公司投资，上海景观实业发展有限公司、浙江天姿园林建设有限公司承建施工。

图 1　全景图（一）

一、工程概况

苏杭之星一期景观绿化工程主要包括道路基础及铺装、大面积水景（入口水景、中轴水景、叠瀑水景及天鹅湖）、弧形石材廊架、迎宾墙、栈桥、六角亭、石材雕塑、停车位、树池、土方回填、绿化种植等内容。项目三面环水，红墙、绿荫、庭院交相辉映，曲径通幽，

图 2　全景图（二）

图3　小区入口

图4　主入口（一）

移步异景，充分体现出"地有形、树有神、石有根、水有声、物有度、草如茵"的意境，获得了小区业主和来访人员的高度赞扬。

二、项目理念

苏杭之星一期景观绿化工程营造了纯正的法式风情，充分展现了优雅、高贵和浪漫的气质。中轴水景区融合了水池、灯柱、喷泉、喷水雕塑，使水体动静结合、交相辉映，突出了庄重、大气、秩序感。弧形石材廊架雕花、线条，制作工艺精细考究。天鹅湖恬静婉约，经栈桥绕湖而行，让人有远离喧嚣、找回宁静之感。

广场铺装线条齐缝整齐，平面平整，图案清晰流畅，使不同色彩花岗石相互映衬，体现时代感。植物以常绿阔叶树为主，并与落叶阔叶树相结合，体现出较为明显的季相变化，营造出春天鲜花烂漫，夏天浓荫满地，秋天丹桂飘香、层林尽染，冬天绿意盎然、寒梅傲雪的景观，让小区时刻能够体现出"四季常绿、四季有花"。

三、工程的重点及难点

本工程为高档小区景观绿化工程，对土石方施工、园路工程、绿化工程等施工要求较高。

1. 土石方施工

（1）土方开挖

开挖采取自上而下分层开挖，不得乱挖或超挖，开挖时如发现土层性质有变化时，应修改施工方案，并及时报监理工程师批准。根据开挖地段的路基中线、标高和横断面，精确定出开挖边线，并提前做好截、排水设施，土石方工程施工时间的临时排水设施尽量与永久排水设施相结合。居民区附近开挖应采取有效措施，以保护居民区住房及居民和施工人员的安全，并为附近居民的生活及交通提供临时便道或便桥。

弃土场应堆放整齐、稳定、排水畅通，避免对土堆周围建筑物、排水或其他任何设施产生干扰或破坏，避免对坏境造成污染。

（2）地形改造

为了适应造景和建筑物修建的需要，地形条件较差的园林工程需要进行地形改造；地形条件好的，也要对土地进行局部的整理。主要

图 5　主入口（二）

图 6　特色长廊（一）

图 7　特色长廊（二）

图 8　特色水景（一）

施工重点如下：

处理表土和废土：清除地面杂草、枯树、残根，围护保留树木；挖起肥沃表土，按土方调配方案运至绿化地旁临时堆放；清除地表废弃土，回填至表深沟、深坑。

地面填方：每次填方摊铺厚度在 30cm 以内，铺填均匀、紧密，压实后再填一层；平坦地形的填方表面凹凸应在 6cm 以内，作为施工场地的则应在 2cm 左右。

坡面、崩落的地段整理：填方或挖方成坡面的，应按龙门桩指示的坡度处理；对可能滑坡、崩落的地段，施行加固措施并清除危石；要整理坡面至整洁状态，不得妨碍绿化栽植。

排水处理：采取临时截水沟、排水沟，排除雨水，注意防止土砂流失；填方区应保持一定透水性，以利土方沉降，但不得积水。

2. 园路工程

清理：在地基或砂石垫层上清除淤泥和杂物，并应有防水和排水措施。对于干燥土应用水润湿，表面不得留有积水。在支模的板内清除垃圾、泥土等杂物，并浇水润湿木模板，堵塞板缝和孔洞。

商品混凝土的组织供应应及时和连续，确保浇捣顺利进行。混凝土振捣密实后，表面应用木抹子搓平。

垫层养护：混凝土浇筑完毕后，应在 12h 内加以覆盖和浇水，浇水次数应能保持混凝土

图 9　特色水景（二）

图 10　特色栈桥

图 11　特色景亭

图 12　特色景墙

有足够的润湿状态。养护期一般不少于 7d。

3. 绿化工程

（1）苗木及其他材料要求

根据本工程绿化的特点选用根系发达、生长苗壮、无病虫害且规格和形态符合图纸设计要求的苗木。用于浇灌植物的水，不得含有任何有害植物生长的成分。肥料应选用农家肥。土壤中应含有有机质，不含有盐、碱及垃圾等对植物生长有害的物质。苗木挖掘、包装应符合《城市绿化和园林绿地用植物材料 木本苗》CJ/T 24 – 1999 的规定。

（2）种植土壤施工要求

苗木种植前的土壤平整及翻耕措施：覆盖表土范围的地表面，应进行深翻，将土块打碎使成为均匀的种植土；在缺少表土或厚度不足的表土层上种植植物时，应撒铺经业主或监理工程师同意的土壤，使土壤厚度达到植物生长所必须的最低土层厚度。

（3）植物的种植和管理

苗木种植时，特别是落叶树种，应充分考虑到气候的影响，采取必要的措施，提高苗木的成活率。种植带土球树木时，不易腐烂的包装物必须拆除。种植时，根系必须舒展，填土应分层压实，种植深度应与原种植线一致。

种植后应在略大于种植穴的周围，筑成高 10~15cm 的灌水土堰，堰应筑实不得漏水。

图 13 林荫小道（一）

图 14 林荫小道（二）

图 15 林荫小道（三）

图 16 林荫小道（四）

栽植后应在当日浇透第一遍水，以后一般隔3~5d浇第二次水，再隔7~8d浇第三次水。乔木树种应设支柱固定，支柱要牢固，绑扎后的树干应保持直立。在种植结束到缺陷责任期终止前，应进行有效管理。

（4）成坪草坪的养护管理

草坪的养护管理主要内容包括灌水、施肥、修剪、防病治虫、清除杂草、卫生保洁等。必须严格按照技术要求，根据季节和草坪生长情况，加强护管，确保养护出均一、平坦、美观的高质量草坪。

（5）苗木的养护管理

本工程苗木养护期为2年。乔木养护一年防治刺蛾2次，捉天牛2~3次，保持树木生长茂盛，不开"天窗"；每年5~6月剥芽2次，剥芽根据芽条生长规律和不同阶段的具体要求因树制宜地进行。

病虫害的防治：为维护生态平衡，应贯彻"预防为主、综合治理"的防治方针，充分利用多样化的植保技术，使用无污染、低残留、低毒性药剂或生物防治技术，保护和增殖天敌，抑制病虫害；据"治早、治小、治了"的防治原则和养护经验，在充分掌握和了解地区性虫害的基础上，有针对性地防治较为普遍和严重

图 17　宅间绿化（一）

图 18　宅间绿化（二）

图 19　沿湖景观（一）

图 20　沿湖景观（二）

的虫害和病源；及时做好园林植物病虫害发生的记录和预测预报工作，制订长期和短期防治计划。

四、新技术、新材料、新工艺的应用

1. 新技术、新工艺的应用

（1）"ABT-3 生根粉"，采用灌根法施工，用 20mg·kg/L 溶液，在大树栽植后浇过底水，第二天再灌 ABT 溶液直至根部全部吸收为止，隔一周再灌一次。

（2）现代化管理技术和计算机辅助管理应用，利用电脑进行现场施工管理。计算机辅助施工管理包括工程进度、工程质量、施工安全、施工人员、物料供给等方面的管理、控制和调度。

（3）利用软式排水管来解决吸收土石中多余的水，达到饱和时滴进水管内汇集而排水的目的。

（4）利用三维网土工布来使网垫、草皮、泥土表面牢固地结合在一起，形成一层坚固的绿色复合保护层。

2. 新材料的应用

（1）绿地处采用新型绿色复合式井盖。

（2）采用"植生基盘材""活力素"等绿化新材料来提高成活率。

（3）在大树移植方面采用加强土壤储水保水能力的 KD-1 保水剂，喷洒 P.V.O 叶面蒸腾抑制剂，以及"活力素"等绿化新材料来提高成活率。

图 21　景观小品（一）

图 22　景观小品（二）

图 23　儿童游乐场

（4）利用卵石工艺在地形边坡转角处设置卵石排水沟利于雨水排放防止园路积水。

苏杭之星一期景观绿化工程体现了法式园林景观的独特魅力，营造了"庄重、高雅、华美、浪漫"的法式景观，使人们在经典的法式景观园林中舒适生活，也为人们提供了一种健康、和谐、时尚的生活方式，通过人与环境的互动，达到了提升人们精神品质和社区文化氛围的目的。

工程备注

该项目被评为 2017 年度浙江省"优秀园林工程"金奖

北山路 84 号国宾接待中心项目
——景观绿化工程

设计单位：浙江大学建筑设计研究院有限公司
施工单位：杭州市园林绿化股份有限公司
工程地点：杭州市西湖景区
开工时间：2015 年 11 月 1 日
竣工时间：2016 年 7 月 28 日
建设规模：约 30000m²
本文作者：钟　晴　杭州市园林绿化股份有限公司　企划部经理
　　　　　陈　超　杭州市园林绿化股份有限公司　总工办主任兼质安部经理
　　　　　唐旭栋　杭州市园林绿化股份有限公司　质安部监管员

　　北山路 84 号国宾接待中心项目——景观绿化工程，建设单位为浙江省机关事务管理局。项目所在地为杭州市西湖景区，该工程为 G20 保密工程。工程施工总面积约为 30000m²，于2015 年 11 月 1 日开工，涉及山体景观、自然水系、连廊亭轩、叠石塑石、挡墙景墙、元首组团花园、礼宾花园的地面绿化等，是集市政工程和园林景观工程于一体的综合型工程（图 1~ 图 22）。

图 1　开阔的空间，参天的大树，丰富的组团，营造出淡妆浓抹总相宜的风景画卷

图 2　丰富的植物组团，让道路两边的景色充满生机

图 3　植物与景石的配置清新而自然　　　　　　　图 4　大面积的草坪营造出开阔的空间感

一、项目理念

　　该项目遵循以人为本的设计理念，以文化性和可持续发展性为设计原则，整体设计风格为英式自然手法和中国传统造园手法相结合，通过各个组团的不同设计，营造出内庭、人工水系区、休憩观赏区、婚庆草坪区等功能各异的空间。充分利用项目原生态的景观特点，依势成景，因树设景，文化为景，营造出建筑隐、树林茂、花卉雅、四时赏的景观特色。

图 5　造型植物的应用，使门口的景观显得沉稳大气

二、工程亮点

　　建筑群落和景观组建是构架生态环境的主要硬件，两者互动，空间相互渗透、相互协调、相互映照，共塑山庄环境的完美与和谐。该项目景观设计结合建筑通盘考虑，组团绿化成为路面的枢纽

图6　紧邻山体的木质长廊，软化了山体的硬度，也是景观的一部分

图7　沿着石阶而上，可以在亭中小憩，也可以在长廊里漫步，度过一段悠闲时光

图8　景因水而活，斑驳光影里，溪水的声音仿佛也变得欢快起来

图9 亭子，是这片风景的焦点，既可以在此休息，也可以静坐其中欣赏周边的风景

图10 葳蕤的大树，茂盛的植物、林立的景石、古朴的亭子，一切都显得清新而自然

图11 原本平坦的草地，因为这组小景的加入，显得更加立体、丰富

和交汇处，以假山水系、喷泉跌水配合设置局部点景，层层递进，从而达到景中有物、物中有景、环抱围合的生态景观。公共绿化、庭院绿化等均有细致入微的设计，高低错落，层次分明，虚实结合，让每栋建筑、每棵植物、点缀摆设融为一体。沿院内弯曲的园路，一路走来，绿树环绕，繁花似锦，在各楼之间的通道上简洁的植物，空间收缩，相对集中的绿地组团呈半围合之势，区域功能私密性强，廊架、跌水隐于其中。尊重自然、顺应自然，使梅园、建筑群落与自然风貌琴瑟共鸣，营造出高品

图12 对原生大树的保护，充分展现了对生态自然的尊重

图13 古朴的亭子掩映在葱郁的植物中，营造出幽静的园林意境

图14 转角处，遇到风景

图15 丰富的花境植物应用，营造出小清新的意境；造型植物与假山的搭配，则让这处景观多了几分厚重感

质的山庄环境，强调人与自然的和谐。

太湖石叠成的人工水系，各种嶙峋的谷峰石头或散点或成组的摆放，半掩半露；搭配红枫、鸡爪槭和各种球形植物，整个水系给人以犹抱琵琶半遮面的意境；池壁由浅至深种植茂密的水生植物，徐徐跌落而出的水声溶于景内，鸟语花香，诗意顿生。一草一木、一山一水，通过有意的设计，达到无意的刻画，

将人与自然交流的精神境界合并，从而达到"天、地、人"合一的意境。

三、新技术、新材料、新工艺的应用

（1）本项目为景观改造工程，在施工过程中采取了多种措施对原有树木进行了保护，并通过减法法则的运用，对原有景观进行疏剪及合理改造，既保留了原有的古朴风格，又在景观上更显自然、大气。

（2）原有的高大的古乔木，通过规范围挡、专业疏枝，确保其景观效果。按照设计要求，改造后的地形标高要高出原种植乔木几十公分甚至几米，因此我们在古树周围设置了透气性树池，既保留了原有植物景观，又满足了设计要求。

对于一些原有成排、成片种植的大树，采用不同形式进行了二次景观改造：根据大树特色和地势引入景观道路形成了林荫路，有些大树采取移栽的方式另成一景。

而对于特别阴湿的林下生境，结合在研科技项目——乡土耐阴地被植物的开发与应用，采用了多种耐阴地被植物，如：小叶蚊母、紫金牛、日本麦冬、常春藤、络石等，极大地丰富了植物群落结构和观赏性。

（3）本项目离西湖较近，综合运

图16　景石是这片风景的主角，各色植物的有机搭配，柔化了石头的线条

图17　植物与景石有机搭配，营造出一片小小的风景（一）

图18　植物与景石有机搭配，营造出一片小小的风景（二）

图19 长势茂盛的植物是这里的主角，景石和景墙和谐地融入其中

图20 错落有致的植物搭配，和谐而统一，营造出丰富的景观

图21 对原有景观进行合理改造

图22 原有大树另成一景

用了植物组团风格和花境手法。花境中用到了我司开发或国外引进的花境材料：狼尾草、八仙花无尽夏、粉段婆婆纳、千鸟花、金线石菖蒲、火星花、柳叶马鞭草等，在花境的构建上也形成了木本花境、草本花境、观赏草花境、混合型花境等多种形式，与西湖的景观交相辉映。

筑以山胜，境因树幽，旷奥有度，大气大方，这就是北山街84号的秀美新景观。

工程备注

该项目被评为2016年度杭州市园林绿化工程安全文明施工标准化工地

该项目被评为2016年度"杭州市优秀园林绿化工程（单位及住宅类）"金奖

该项目被评为2017年度浙江省"优秀园林工程"金奖

东营理想之城三号地块北区（市政类）建设三标段工程

设计单位：浙江普天园林建筑发展有限公司
施工单位：浙江天姿园林建设有限公司
工程地点：山东省东营市黄河路以南，香山路以东
开工时间：2015 年 5 月 1 日
竣工时间：2015 年 11 月 4 日
建设规模：39000m²
本文作者：郭　征　浙江天姿园林建设有限公司　常务副总经理
　　　　　马　洁　浙江天姿园林建设有限公司　统计员

HISTORIC BUILDING GARDEN

东营市位于山东省东北部、黄河入海口的三角洲地带，是古代大军事家孙武的故里、山东地方代表戏曲吕剧的发源地、中国第二大石油工业基地胜利油田崛起地，被评为中国"六大最美湿地"之一，区位优势明显，气候宜人。

图 1　锦兰园

一、工程概况

东营理想之城三号地块北区（市政类）建设三标段工程（图 1）位于山东省东营市黄河路以南、香山路以东，工程总面积为 3.9 万平方米，小区内道路及铺装、景观、土方、绿化、水电、照明造价共约 1083 万元。工程于 2015 年 5 月 1 日开工，2015 年 11 月 4 日竣工。由浙江天姿园林建设有限公司承建，设计单位为浙江普天园林建筑发展有限公司，监理单位为山东建院工程监理咨询有限公司。

二、项目理念

高速绿城·理想之城锦兰园（即本工程）通过城市公共空间、社区公共空间、组团公共

图 2　中轴组团

空间三层空间的密度和形态的变化创造丰富的社区空间。在组团中心围合形成大尺度的中心花园，营造出高贵典雅的社区环境氛围（图2）。在中心景观带中布置泳池等水景，以多层次、半开放式的围合空间为基本的组织原则，通过建筑和环境的错落布置，营造出既彼此独立又相互联系、统一而又富有变化的整体（图3）。整体布局以工整对称、强调轴线序列和空间进深为特色。锦兰园为典型的地中海景观风格，景观设计呼应建筑风格，以地中海风情为景观的主题风格，环境景观亲切自然、欢快丰富，身处其间能使人紧张的神经得到放松。

三、工程的重点及难点

在工程施工过程中，由于本工程对材料的品质要求极高，且二次搬运的工作量很大，施

工单位克服了重重艰难，与业主、监理和设计单位配合，顺利圆满完成了一期工程。

1. 营造和保护良好的种植环境

环境保护是为了保护和改善生活与生态环境，防止污染和其他公害，保障人体健康。施工单位把环境保护工作纳入重要工作计划，建立环境保护责任制度，采取有效措施，防止生产建设过程中产生的废水、废渣、粉尘、恶气体、噪声等对环境产生的污染和危害。要求噪声较大的机械避免在夜间施工，非施工的噪声都应尽力避免，并通过有效的管理和技术手段将噪声控制到最低。

2. 园路铺装精益求精

从路基施工、模板安装与拆除、摊铺、振捣到面层施工、成品保护，无论是材料的选用，还是施工工艺的把控，施工方都做到精益求精，

追求品质。其中，面层施工选取了耐候持久的花岗岩，其技术等级、光泽度、外观等质量要求，均符合国家现行标准《花岗石建筑板材》的规定，表面光洁明亮，色泽鲜明无刀痕、旋纹、平整、坚实，板材间的缝隙宽度当设计无规定时不应大于1mm。铺砌后，对其表面应加保护，待结合层的水泥砂浆强度达到要求后，方可打蜡达到光滑洁亮。两种铺贴材料衔接之处要控制上表面平齐，尽可能减少材料色差，铺装过程要注意与相邻道路、铺装地的衔接，要平整美观，铺装要注意按适当的坡度面向邻近的雨水口，以确保下水通畅（图4、图5）。

3. 改良土壤保障绿化种植

土壤是植物生长的基础，因此，土壤土质的好坏会直接影响苗木的成活和日后的生长及整体绿化景观的形成。为了确保植物日后的

成活，在绿化种植地面上铺设种植土。种植土要根据绿化种植设计所列的不同树种的生物学特性进行综合考虑确定。为了尽可能做到"适地适树"，总体选用地墩耕植土或水稻土为基土，对一些适应性较强、土壤要求不严的树种，在栽植前，对乔木类采取按穴、小灌木逐块适施少量的复合肥和钙酸磷肥，作促根基肥，既可以改善植物的生长环境条件，又可促进苗木发根成活和日后的生长。对一些宜在 pH 值 6~7.5 中性偏微酸性土壤中适生的树种，选用沙质土壤作种植穴区的客土，如条件许可的话，在土壤中适当掺入一些腐熟有机肥，以此来增强沙土的持水保肥功能，改善土壤的团粒结构。此外，对一些相对喜酸的植物，在种植区采用沙质土中掺酸性黄土和腐熟有机肥的办法来改善土壤的理化性质，使之满足这些植物正常生

图3 泳池组图

图 4　消防大道（一）　　　　　　　　　　　　图 5　消防大道（二）

长所需的条件。

　　本工程设计的苗木有乔木和灌木之分，也有常绿和落叶之分。为了确保成活和日后的生长，针对种植后天气突变情况，对苗木的起苗、种植、修剪等方面采取相应的措施，主要做到当天起苗木当天种植，若当天不能种完的则进行假植。

　　养护是景观效果可否提升的重要环节，施工方委派富有养护经验的技术人员和养护工人精心养护。浇水、治虫、施肥和修剪、保洁、安全防护、防火措施，都由专人负责，保证景观效果和植物生长良好（图6、图7）。

图 6　宅间组图（一）

四、新技术、新材料、新工艺的应用

　　（1）工程采用全站仪进行工程小品及苗木放样定位，确保各部位准确。

　　（2）现代化管理技术和计算机辅助管理应用，利用电脑进行现场施工管理。计算机辅助施工管理包括工程进度、工程质量、施工安全、施工人员、物料供给等方面

图 7 宅间组图（二）

（3）为了提高植物成活率，工程采用了植生基盘材、活力素、ABT-3 生根粉、抽枝宝等绿化新材料。

（4）绿地处采用新型绿色复合式井盖，工程采用散装水泥应用技术，道路面层采用改性沥青混凝土，园路铺装材料采用水泥砖代替烧结陶砖，施工效果显著，节能环保。

的管理、控制和调度。

高速绿城·理想之城锦兰园营造了纯正地中海浪漫风情，高端配套齐全。精致的园林设计，名贵植物全冠移植，地面花草铺陈，路面优质石材铺装，悉心考量每一个细节，让园林不仅可供远观近赏，而且能够真正使人游逸其间，在风景中行走。

第十一届中国（郑州）国际园林博览会园博园项目园林景观工程第3标段

设计单位：深圳北林苑景观及建筑规划设计院

施工单位：常熟古建园林股份有限公司

工程地点：郑州航空港经济综合实验区滨河东路以南，新港十一路以北，会展路以西

开工时间：2016 年 4 月 16 日

竣工时间：2017 年 8 月 30 日

建设规模：约 23.3hm^2（绿化面积 126285m^2）

本文作者：杨一帆　常熟古建园林股份有限公司　项目施工员

　　　　　吴雪刚　常熟古建园林股份有限公司　项目质量员

中国国际园林博览会是扩大国际与国内城市园林绿化行业交流与合作，促进城市园林绿化艺术水平的进一步提高，传承和发展中国园林艺术，传播园林文化，交流园林学术思想，促进城市建设和园林绿化事业的健康持续发展，促进城市经济、环境、社会可持续发展的国际园林花卉博览会。第十一届中国（郑州）国际园林博览会以"引领绿色发展，传承华夏文明"为主题，园区总面积达到 119hm^2（图 1）。

一、工程概况

第十一届中国（郑州）国际园林博览会园博园项目园林景观工程第 3 标段（图 2、图 3），由常熟古建园林股份有限公司负责施工，绿地面积约 23.3hm^2，主要包含东入口片区、北入口片区、北向主环路以北、展园区公共景观、山水豫园（古建筑），合同价款 11982.88 万元。主要绿化工程，含

图 1　入口主题景观

图 2　入口景观东大门

图 3　东广场脸谱

图 4　百姓书院亭廊

绿化种植土、乔灌木的种植、广场、景观桥、园林小品建筑、景石、雾喷、景观照明、绿化给排水和电气、园内停车场等。第 3 标段包括山水豫园古建筑群施工，主要古建筑建筑面积：豫园 1808.59m²；百姓书院 1202.26m²（图 4、图 5）；铺装面积 35000m²；园林绿化面积 126285m²。

二、工程亮点

1. 植物配置与造景

本工程为园博园景观绿化项目，风格要求高低搭配，色彩丰富，既要考虑郑州当地的季节性，又要考虑游览者的感官视觉享受。本工程大量使用了造型油松、油松、白皮松、黑松、红榉、巨紫荆樱桐、朴树、柿树、国槐、七叶树、红叶石楠等常绿或开花类乔木，为了实现高低搭配的风格，还使用了美国红栌、臭牡丹、丛生紫薇、天目琼花、火焰卫矛、栓翅卫矛等不同高度的灌木，为了丰富色彩，也为了增加游客的游览积极性，在地被上采用了颜色各异的不同品种月季成块种植，还有野花组合、缀化草地、满铺草皮等。在豫园内池塘里，还种植了芦苇、鸢尾、风车草、睡莲、荷花等水生类植物，不仅起到净化水质的作用，还与山水豫园的仿宋式建筑相呼应。

图 5 百姓书院主殿

2. 山水豫园

山水豫园是郑州园博园内一处仿古山水园林，位于园博园主山东侧半山上，占地 2hm²，建筑面积约 3000m²，为传统仿宋式建筑风格（图 6～图 17）。建筑主体为钢筋混凝土结构，青灰瓦屋面。斗栱全部采用优质木材，再现了宋式建筑形制的韵味。建筑基本色调为青灰的屋顶、青绿的斗栱、中国红的构架。整个豫园是以河南当地山水建筑特色为元素，是一处集书院、奇石院、盆景园、叠石飞瀑、山水长廊、百姓书园、名人诗经园等山水名胜精粹的园林建筑院落群。

图 6 豫园景观内景部分

图7 豫园1#分区景观

图8 豫园景观G#分区景观

图9 豫园临水景观

图10 豫园景观外景

　　本工程装饰中使用了特色彩画，采用的是传统宋代碾玉装彩画，并根据功能及周围环境，在碾玉装中局部增加了暖色调，连廊月梁彩画采用山水、人物、花鸟画，让整个豫园显得更加生动、活泼。

　　豫园假山置石施工中，采用的石材由多方确认选取优质房山石。经过匠师的精挑细选及精巧构思的摆布，再现了中原及北方园林厚重、朴实、大气的风格。

图11 豫园景观主要建筑物

图12 豫园内景绿化

3. 特色铺装

园区广场及园路采用特色铺装，利用材料本身的颜色进行不同的排列组合，组成一些线条简单、明快的图案。铺装整体由于使用的材料相同的原因给人一种大气、沉稳的感觉，在细节方面因为颜色的不同而产生的变化会给人一种明快、流畅、自然的感觉。

三、工程的重点及难点

（1）土建施工过程中，因本工程主体为钢筋混凝土结构，部分古建构件需要使用混凝土结构。

（2）在水电的施工过程中按照图纸精确施工，在北广场雨水管道的施工过程中，园区与广场雨水管道连接时，钢筋混凝土围墙对施工造成了一定的阻碍，致使广场雨水管与园区雨水管的连通

图13 豫园荷花池

2018中国园林古建筑精品工程项目集

图 14　连廊外景

图 15　豫园连廊

图 16　豫园连廊彩绘

图 17　豫园 1# 分区建筑

有一定的困难。

（3）因本标段工程较为繁杂，部分施工面完成后被二次利用，存在较多交叉施工，部分施工成品遭到其他施工段施工人员使用破坏。

（4）郑州当地土壤以砂土居多，含沙量高，缺乏植物生长所需的氮、磷、钾以及微量元素；

同时由于频繁交叉施工，同一地块区域苗木种植完成后，水电及其他班组需要管线预埋破坏苗木，踩踏地被，导致死苗更换拖延工期。

在总体施工过程中，项目部克服多工种、多专业、多施工单位交叉施工的困难，合理安排施工工序，按时完工，为园区的顺利开园打下基础（图18～图21）。

图18　围墙院门

图19　广场绿化景观

图20　假山叠水

图21　园区小路

四、新技术、新材料、新工艺的应用

（1）采用一些新技术、新材料提高苗木成活率。如：增加使用生根粉、抽枝宝、保水剂等各种植物营养液，保证植物恢复生长的需求，增加苗木的成活率。养护中使用粉碎机将养护内的落叶、树枝等绿化垃圾进行无公害消纳，将有机质还原到土壤中，增加土壤肥力的同时实现了零垃圾。

（2）海绵城市技术。通过由表面雨水滞留层、种植土壤覆盖层、植被砂滤层等构成的生物滞留系统，达到对雨水最大化收集和净化，满足了对景观功能、生态功能和社会功能的多元诉求。

（3）园林古建工艺技术措施。仿古景观中，使用了公司自主研发的植筋灌浆锚固仿古石栏杆等实用新型专利，使得仿古景观既有古色古香的效果，又坚固耐用。在古建筑施工中，采用了公司省级工法"仿古建筑木椽望板混凝土屋面一次成型施工方法"，保证了古建筑飞檐翘角的外观造型，再现了传统宋代建筑的风韵。

新塘路（新风路—新业路）综合整治工程景观绿化I标段

设计单位：中国美术学院风景建筑设计研究总院有限公司
施工单位：杭州市园林绿化股份有限公司
工程地点：杭州市江干区新塘路
开工时间：2016 年 1 月 11 日
竣工时间：2016 年 6 月 25 日
建设规模：约 58000m²
本文作者：陈　超　杭州市园林绿化股份有限公司　总工办主任兼质安部经理
　　　　　唐旭栋　杭州市园林绿化股份有限公司　质安部监管员

新塘路（新风路—新业路）综合整治工程景观绿化I标段位于杭城东部江干区城东新城与钱江新城之间，是沟通杭州南北向交通的主干道，更是 2016 年"G20峰会"环境整治提升的重点保障项目和民心工程（图1）。

一、工程概况

本项目由杭州市园林绿化股份有限公司承建，工程总面积约 58000m²，合同总造价 3134 万元，自 2016 年 1 月开工，2016 年 6 月完工，2016 年 8 月 5 日正式通过竣工验收。施工范围包括中央隔离带、机非隔离带、沿线绿地等；施工内容包括绿化种植、景墙、土方工程、硬质铺装、景观亭、水电工程、喷灌系统等。

图 1　新塘路

二、项目理念

秉承"施工是设计的再创造"的施工理念，在建设单位带领下，通过与设计等单位的沟通协调，在施工中进行了大胆创新，充分展现了独具杭州园林特色的造景艺术（图2）。在设

图2　机非隔离带绿化

计的基础上，通过极富现代审美情趣与环保理念的施工手法，营造出了组团丰富、特色鲜明的园林景观，并将浓郁的文化气息融汇其中，将文化与园林有机结合，同时有机协调了商业建筑与景观绿化之间的矛盾，打造出了一条四季有景、人文特色显著的城市景观大道，充分体现了"三分设计、七分施工"的理念。

三、工程亮点

1. 合理安排，有序开展

新塘路工程施工内容多、战线长、工期紧、技术要求高，开工前制订合理的进度计划，做到先紧后松，合理统筹安排人力、材料、机械

等；项目位于人、车流量较大的城市主干道，未封闭施工，存在园林绿化与市政道路交叉作业的现象，为了确保工程保质保量完成，减少施工冲突，在施工过程中积极与周边商铺及其他施工单位沟通，同时与周边居民及相关管理

图3　侧石、车阻石、栏杆

图4 景观雕塑

自行研制的竹炭土，有机质含量＞40%，具有疏松透气、保水保肥的特性，能有效改善土壤团粒结构，激活土壤生物活性，无杂草虫卵、无异味，是绿色环保的可再生资源。通过采用该竹炭土对土壤进行改良，大大提高了植物的成活率，保证了后期的景观效果。

3. 精挑细选，保证效果

植物材料是园林景观的主要表现因素，在充分了解各种植物特性的情况下，对植物品种进行严格把关及精心搭配。品种选择考虑植物色彩、花果期及时序。植物配置具有层次感，乔灌草的配置结合植物的生态习性和道路的布局要求，合理配置高、中、低植物，营造层次丰富的景观效果。多用乡土植物，因其具有较

部门相协调，未发生一起投诉事件。

2. 土壤改良，确保成活

杭州当地原生土为沙土，有机质含量少，土质瘠薄，水分不足，漏水、漏肥，不利于植物成活和生成。杭州市园林绿化股份有限公司

图5 通风井设施

2018 中国园林古建筑精品工程项目集

图6 雨水井设施

强的适应性和抗病虫害能力，可以有效提升景观效果。

4. 设施美化，提高观感

引入景观雕塑和艺术装置，将新塘路沿线原来形式突兀的市政设施美化成充满趣味的景观小品。如，地铁排风井地上部的混凝土井壁，采用了在风井井壁上安装后埋件、龙骨、褐色旧烤漆不锈钢格栅板的工艺，巧妙地将排风井和现代风格的装饰材料结合起来；车阻石、侧石采用了"新塘"、波浪等造型图案，充分体现了地方特色，使其成为国内首例自带"LOGO"的道路，并寓意杭州由西湖时代迈向钱塘江时代；中央绿化带设有雨水井，凸起的井盖和砖砌体井壁在绿化带中影响了观感，采用井壁瓷砖贴面、井盖表面满铺50cm厚陶粒的做法，将雨水井与中国古典风格的装饰材料相结合，化腐朽为神奇，使雨水井与花境相得益彰（图3~图6）。

图7 路侧绿化

图 8　路侧小公园

图 9　庆新天桥

四、新技术、新材料、新工艺的应用

1. 精心设计，合理布局

施工是设计的再创造，在建设单位的带领下，施工方通过与设计等单位进行沟通协调，在施工中突破创新，使项目充分展现了独具杭州园林特色的造景艺术。

（1）把公园、庭院等自然式造园手法运用到城市道路中央分隔带与路口节点中（图7、图8）；

（2）在原单一规则式的机非隔离带配置了柱形植物，增加了绿量，丰富了层次；

（3）与沿街商业、住宅充分衔接，保留和营造了地形、景墙与小品等，体现了道路和建筑自然融合的景观效果；

（4）在街头绿地，围绕历史文化典故，营建了许多市民与游客观光、休闲的景点；

（5）在杭州第一座仿生态学原理的异形人行天桥设计了花带，使天桥远看像一棵树，又像一座空中花园（图9）。

2. 立体结构，群落组合

新塘路首次在道路中分带采用群落组合和盆景化的植物配置手法，把现代园林的流畅、空间、大手笔的表现手法和古典园林的步移景异、小中见大合理巧妙地结合在一起，充分展现了园林景观在空间、色彩、节奏等方面的独具匠心（图10、图11）。

群落结构的空间配置直接影响到道路绿地的生态功能。乔、灌、草多层立体结构的混交群落景观稳定，光合效率高，能够很大程度上

图10　中央分割带绿化（一）

发挥其消烟、滞尘、减噪等生态作用，充分体现了生物多样性，完善了城市道路绿地生态系统基础，实现了城市生态环境的可持续发展。

3. 季相丰富，色彩多变

新塘路将道路绿地与城市绿地有机融合，实现了"路在绿中、车在绿中、人在绿中"。上层骨架全冠打开，中层花灌木丰富多彩，下层花境流畅有型，配以湖石、青瓦，营造出极富变化的景观效果。行道树以香樟为主，作为优良的行道树及庭荫树，香樟枝叶茂密而秀丽，气势雄伟；机非隔离带以银杏为主，树干通直，树形美观，是优良的色叶树种；中央隔离带以朴树、黄山栾树、红枫、造型罗汉松、桂花及红花檵木球为主，各具特色。观花植物点缀其中，春季有日本早樱、垂丝海棠、杜鹃，夏、秋季有黄山栾树、桂花、紫薇、茶花，冬季

图 11　中央分割带绿化（二）

有腊梅、梅花，营造出四季常绿、三季彩叶、全年花开不断的"最美"迎宾大道，实现了人与自然的和谐相处。

4. 施工精细，景观优美

新塘路项目选用了大量的乡土树种、新优植物和优质造型树种，这些苗木冠型饱满、枝条健壮、色彩鲜明。上层空间主要由高大的银杏、丛生的沙朴、繁盛的香樟等构成，中层主要由造型罗汉松、五针松、樱花、红枫、桂花、茶花等组成，下层主要由埃比胡颓子、白景天、金宝石冬青、黄金构骨、火焰南天竹、美人蕉、时令草花等组成。合理的植物配置、色彩鲜艳的草花、自然的景石与假山，使得整条道路集景观与文化于一体，宛如一条风景秀美的彩色飘

图 12　雕塑小品（一）

图 13　雕塑小品（二）

带，开阔大气，充满生机，走在路上，仿若置
身于充满韵味的江南园林，为杭州向全世界呈
现了一道"历史和现实交汇的韵味独特"的峰
会大餐。

5. 内涵丰富，特色明显

老新塘街市始于明代，一直是杭州的蔬菜、
蚕桑和药材的种植基地，不仅有深厚的农耕文
化，更是城东一带人气较旺的一个街市，其"所
聚食货，亦不亚于沙田夹城"。1949 年前后，
新塘曾是城东三大集镇（新塘、七堡、彭埠）
之一，两边商铺林立，生意兴隆；北侧严家弄
座落着我国文化巨匠夏衍的故居。

为还原历史文、传承历史典故，在新塘
路重要节点布置了展示夏衍和茅盾代表作的景
墙、反映新塘集市农耕文化和东站印象的雕塑
等，通过丰富多样的小品的有机结合，形成了
整体人文景观，唤起了人们对城市历史的久远
记忆，充分体现了地方特色、时代风貌和都市
气息，成为集景观、文化、旅游等于一体的现
代城市景观大道（图 12、图 13）。

工程备注

该项目被评为 2016 年度浙江省建筑安全文明施工标准化工地

该项目被评为 2016 年度浙江省园林绿化工程安全文明施工标准化工地

该项目被评为 2016 年度杭州市园林绿化工程安全文明施工标准化工地

该项目被评为 2016 年度"杭州市优秀园林绿化工程（道路类）"金奖

该项目被评为 2017 年度浙江省"优秀园林工程"金奖

水博苑工程——园建及绿化工程

设计单位：广州市市政工程设计研究总院
施工单位：广州市园林建筑工程公司
工程地点：广州市阅江路琶洲塔北部
开工时间：2014 年 10 月 22 日
竣工时间：2016 年 6 月 28 日
建设规模：约 140000m²
本文作者：陈　韵　广州市园林建筑工程公司 经济师
　　　　　谢彩凤　广州市园林建筑工程公司 助理工程师

水博苑工程——园建及绿化工程（图 1、图 2）位于广州市阅江路琶洲塔北部，工程内容包括园建景观施工和绿化施工，其中园建景观部分包括铺装工程施工、水景工程施工、景观桥施工、景墙施工、停车场施工等，总铺装面积约为 22778m²，绿化面积约为 115488m²，总施工面积共约 140000m²。水博苑工程——园建及绿化工程的建设单位为广州市水投土地开发有限公司，勘察单位与设计单位均为广州市市政工程设计研究总院，监理单位为广州珠江工程建设监理有限公司，施工单位为广州市园林建筑工程公司。

水博苑工程——园建及绿化工程于 2014 年 10 月 22 日开工，2016 年 6 月 28 日竣工，工程竣工决算 3161.18 万元，2017 年 5 月 4 日，由广州珠江工程建设监理有限公司完成验收。

一、项目理念

广州水博苑是一个集全球水科普展示、岭南水文化普及、城市水治理示范、现代都市休闲生态旅游示范、科研交流于一体的文化场所。

景观规划以"设计高品质水文化景观，打造具有独特魅力的南国水苑"为目标，构建三组景观：第一，"水景揽胜"，在景观中，浓

图 1　水博苑正门入口石刻

缩"两河流域""黄河流域""尼罗河流域"
和"印度河、恒河文明";第二,"岭南水韵",
选取如南越国水井、东汉陶船、南越国木构水
闸遗址等典型岭南水文化景观,突出海珠石、
浮丘石(图3)、海印石等意象景观,展现岭
南悠长水韵文化;第三,"水印塔影",糅合
琶洲塔与黄埔古港景观,再现古港印象。三组
景观共同组成一条景观轴线,形成人文与自然
协调的景观公共空间。在景观轴线中,突出展
示系统的"三水"概念,在构筑"水利"文化
景观的同时,融入"净水技术"与"污水处理
技术"等虚拟展示,完整阐述水利与水务的互
动共生关系。

图2 水博苑入口景观

二、工程内容与特点

本工程内容包括园建景观施工和绿化施
工,其中主要景观内容有四景观桥、主入口广
场地面铺装、游客广场地面铺装、景观墙、停
车场、消防车通道、喷淋系统工程等,绿化苗
木品种主要有樟树、凤凰木、木棉、秋枫、鸡
蛋花、细叶榄仁等。

本工程以详细的图纸资料和现场实际勘察
为依据,组织技术人员对园林景观要求、内容、
规模功能反复分析,营造了一个开放、美观的
公共绿地空间。本工程严格遵照设计师的设计
思路,遵守设计图纸各部位的要求和节点进行
施工作业,从而达到高质量、高标准的园林绿
化景观效果。如图4~图7所示。

图3 浮丘石

三、主要施工程序

本工程的绿化施工主要程序如下:

1. 清理场地

对施工场地内所有垃圾、杂草杂物等进行
全面清理。

2. 场地平整

严格按设计标准和景观要求,土方回填平

图 4　园路

图 5　园林石景

整至设计标高，对场地进行翻挖，草皮种植土层厚度不低于 30cm，花坛种植土层厚度不低于 40cm，乔木种植土层厚度不低于 70cm，破碎表土整理成符合要求的平面或曲面，按图纸设计要求进行整势整坡工作。标高符合要求，有特殊情况与业主共同商定处理。

3. 放线定点

根据设计图比例，将设计图纸中各种树木的位置布局反映到实际场地，保证苗木布局符合实际要求。实际情况与图纸发生冲突时，在征得监理同意的前提下，作适当调整。

4. 挖种植穴和施基肥

乔木种植穴以圆形为主（图 8），花灌木采用条行穴，种植穴比树木根球直径大 30cm左右。施基肥按作业指导书进行。

5. 苗木规格及运输

选苗时，苗木规格与设计规格误差不得超过 5%，按设计规格选择苗木。乔木及灌木土球用草绳、蒲包包装，并适当修剪枝叶，防止水分过度蒸发而影响成活率。

6. 苗木种植

按《苗木种植作业指导书》要求进行，乔木立保护桩固定（图 9）。苗木种植按大乔木——中、小乔木——灌木——地被——草皮的顺序施工。

7. 种植浇灌

无论何种天气，何种苗木栽后均需浇足量的定根水，并进行喷洒，达到枝叶保湿。

8. 施工后的清理

施工后形成的垃圾及时清理外运，保证绿地附近地面清洁，不影响业主的整体项目运作。

四、主要施工技术与方法

1. 平整场地

（1）施工工具配置有推土机、运输车、吊车、反铲机、铁锹、铲子、锄头、手推车。

（2）工作内容：

2018 中国园林古建筑精品工程项目集

①施工员负责平整场地的面积范围，用上述机械、工具对不符合设计要求的坡地进行平整，高坡削平、低塘填平。

②对特殊场地，如草坪地，应具备适宜的排水坡度，以2.5%~3%为宜，边缘应低于路道牙3~5cm。

③对场地翻挖、松土厚度不低于50cm。条件不允许时，保证草坪种植土厚不低于30cm，花坛种植土厚不低于40cm，且将泥块击碎。

④对低位花坛，应高于所在地面5~10cm，以符合苗木种植要求。

（3）检查项目：平整度、清除杂物杂草程度、松土质量。

2. 定点放线工序

（1）施工工具有锄头、铲子、皮卷尺、木桩、线、石灰。

（2）工作内容：

①对照图纸，用上述工具在整形好的工程场地上，采用方格法对乔灌木、地被、草皮、小品等进行定点放线（图10）。

②对于规则式灌木图案花坛，做到放线准确、压线种植、图案清晰明了。绿篱应开沟种

图6　园林小品

图7　亭廊景观

图8　广场铺装

图9　大型树池

植沟槽的大小按设计要求和土球规格而定。

（3）检查项目：施工图定点放线尺寸应准确无误，按公司质量检查标准进行检查，做文字记录。

3. 挖植穴

（1）工具有锄头、铲子、铁锹。

（2）工作内容：

①根据定点放样的标线，树木土球的大小确定植穴的规格，一般树穴的直径比规定的土球直径要大 20~30cm。

②对于花坛、绿篱的植穴按设计要求确定放线范围和植穴的形状，绿篱以带状为主，花坛以几何形状为主，在花坛、绿篱周边须留宽 3~5cm、深 3~5cm 的保水沟，翻挖、松土的深度为 15~30cm。

（3）检查内容：苗木的规格质量、植穴质量，杂物、石块的清理度等按公司相关的质量标准检查验收，并记录。

（4）注意事项：设计施工图与现场具体情况相结合，对不能按设计要求进行施工的地方，提出合理建议。

4. 下基肥

（1）施工工具有锄头、铲子。

（2）工作内容：基肥种类包括有机肥、复肥、有机复混肥，施肥方法是与泥土混匀，回填树穴底部，草坪、花坛散施深翻 30cm，使土肥充分混匀。

（3）检查项目：基肥是否与泥土混匀，防止烧根；回填土高度是否符合要求，以免树木晃动；按公司质量检查标准检查，记档。

图 10 停车场绿植

（4）注意事项：基肥应沤熟，与泥土混匀，以防烧根。

5. 苗木种植

（1）工具有锄头、铲子、护树桩、木板、吊车等。

（2）苗木规格施工顺序：大乔木——中、小乔木——灌木——地被——草坪。

（3）工作内容：苗木修剪。在种植苗木之前，为减少树木体内水分蒸发，保持水分代谢平衡，使新栽苗木迅速成活和恢复生长，必须及时剪去部分枝叶，修剪时应遵循各种树木自然形态特点，在保持树冠基本形态下，剪去萌枝、病弱枝、徒长枝、重叠过密的枝条，适当剪摘去部分叶片。

6. 种植土有关要求

（1）种植土的数量：乔、灌木类根据各类苗木土和树穴的直径大小，并在此基础上，加填土 20~30cm 来确定种植土数量。

（2）种植土的土质要求：土壤杂物及废弃物污染程度不至于影响植物的正常生长，酸

2018 中国园林古建筑精品工程项目集

碱度适宜。种植土建议采用无大面积不透水层的黄壤土。

7. 乔木种植

（1）护树桩、支架：新栽树木，由于回填的种植土疏松，容易歪斜、倒伏，因此行道树必须设立护树桩保护。护树桩一般以露出地面 1.5～1.7m 为适宜。护树桩统一靠非机动车道方向绑扎。其他护树支架用竹子、木桩等，一般采用三角支撑方法。

（2）种植工艺：先将树木放入树穴中，把生长好的一面朝外，栽直看齐后，垫少量的土固定球根，填肥泥混合土到树穴的一半，用锹将土球四周的松土插实，至填满压实，最后开窝淋定根水，以此确保种植后的景观效果，如图11、图12所示。

五、质量管理措施

按照 ISO 9001 标准建立质量体系，运行质量体系程序，严格按此国际标准，高标准、

图 11　行道树

严格要求做好施工前期准备工作和施工方案审定工作，做好施工阶段的质量和工期控制。本工程从验收交付使用至今，未发现任何质量缺陷和和安全隐患，受到建设单位的认可和社会各方面的好评。

在施工过程中，本工程发挥公司管理优势，强化计划管理并组建思想作风过硬的班子，带领全体施工人员，齐心协力，严格按设计图纸和国家颁发的施工验收规范的要求，认真做好全过程各项施工工作。严格把好材料、成品、半成品的采购和检验关，使施工全过程质量受控。以安全生产为中心，以优质、高效为目标进行该工程建设。

六、新技术、新材料、新工艺的应用

实现大树全冠移植、提高成活率是本工程的重点之一。简单总结而言，大树移植成活的关键因素有两点：第一，保持树体水分代谢平衡；第二，促进根部快速生根。只要做到了这两点，提高移活率便有了可靠保证。

1. 大树输液技术

大树输液技术就是在大树移植前、后或复壮时，在树干根茎部打孔，用树叶方式向树干的木质部注入营养液，以确保树体正常生长所需水分和营养物质的代谢平衡。这在大树根系没有恢复正常功能时，利用非根系吸收方式向大树补充生长所需的各种营养和刺激根系生长的物质，对大树的恢复和成活具有很好的促进作用。

图12　广场绿化一角

2. 蒸腾控制技术

叶片是植物光合作用的场所，光合作用产生的营养物质对保障大树正常的生长非常重要。大树移植时保留适量叶片对大树的恢复和成活十分必要。刚移植的大树由于根部吸收水分的能力减弱甚至失去，而叶片过多蒸腾水分和消耗的营养会导致大树水分和营养代谢失去平衡。由于水分代谢不平衡可造成树木失水枯萎甚至死亡，因此，运用先进的蒸腾控制技术，适度抑制叶片的蒸腾作用就可以尽量保留多的叶片，甚至可完全代替大树移植时的枝叶修剪，这不但有利于大树的恢复和成活，更重要的是能保留大树原有的自然形态。

蒸腾控制剂作用于气孔保卫细胞后可使得气孔开放减少或关闭气孔，增加气孔蒸腾阻力，从而降低水分蒸腾量，确保代谢平衡，提高大树移植成活率。

使用注意事项：①喷得均匀，要十分细致和周到，每片叶片都要喷到；②重点喷到叶片的背面，因为叶片的气孔主要集中在叶片背面；③喷的量要足够和适量，过少可能起不了应有的作用，过多也会产生不好的影响，会使叶片气孔封闭的时间过长，导致叶片温度升高损害叶片从而不利于大树正常功能的恢复；④要注意遮荫降温，在艳阳高照的高温季节，抑制叶片蒸腾作用的同时，采用遮荫降温的方法也很有必要。

3. 根部防腐促根技术

由于土壤中存在大量的真菌和细菌，如不进行消毒处理，根部切口和根系容易受感染而腐烂，严重影响移栽成活率。防腐主要是防止真菌、细菌性病害对根系、伤口的侵蚀。超过2cm直径的根系切口，还应对伤口进行涂抹和封闭。除了对土球进行一至二次的喷洒处理外，还应对回填在土球和四周的土壤进行消毒杀菌，栽植以后浇水还应结合杀菌药剂进行灌根，保证杀菌的持续效果。

由于新移植的树根系严重受损，生没生根、根系好不好是树成没成活的关键因素。促根就是利用先进的技术在短时间内诱发根部长出新根，移栽前用根森1号喷整个土球，移栽后用根森2号浇灌整个土球，以促进新根的发生和生长，使根系能以较快的速度恢复吸收水分和养分的功能，从而使整株大树恢复生机。

4.土壤透气技术

移植大树根系环境的透气状况对大树的成活和恢复生长是一个十分关键的因素。根系环境本来就需要良好的状况来维持根系的呼吸作用、抑制有害菌的生长和分泌毒素，以维持一个适当的地下水气平衡状态。移植时由于根系环境突然发生了变化，土球捆绑压缩了原有的土壤空间；树穴可能由于种种原因导致透气和排水不良；回填土或由于黏重、夯实过度而透气不好。为此，对于移植的大树来说，除了尽可能避免出现上述使土壤透气不良的现象以外，采取专门的透气技术就是显得十分必要，如用PVC塑料管直立、塑料管环条形塑料袋装沙石及简易竹编透气管等。

简而言之，仔细做好大树从起挖、吊装、运输、移栽和后期养护各细节工作，不要造成大树内外伤，用科学的方法移栽、浇水、管理，辅之先进的药物，就可确保较高的大树移植成活率。

由于项目部的高度负责和新材料、新工艺的应用，使本工程取得了非常好的效果：地面铺装平整，嵌缝密实，表面光滑顺直，做工精细；景石美观，尺寸比例恰当，艺术感染力强；绿化成活率高，大树生长良好，营造出了古树参天、水草丰美、碧波荡漾的园林景观，与周边标志性建筑交相辉映。

七、工程经验

本工程施工整体科学有序，合理地组织人力、物力和财力，最大能动性地发挥集合优势，确保项目合同施工工期及工程质量要求。工程原材料和机械投入、购买计划科学合理，实现资源的最优化，在确保工程按质按期完成的同时，实现本工程经济效益达标。

为了以后能创建更优质的园林绿化工程，积极参加园林绿化精品工程评选活动，以此审视已验收工程的施工质量，促使企业的施工管理水平更上一层楼。

工程备注

该项目被评为"广东省风景园林优良样板工程"金奖

市民广场项目（一期）施工工程

设计单位：广州园林建筑规划设计院
施工单位：广州市园林建筑工程公司
工程地点：广州市南沙新区蕉门河东西两岸
开工时间：2015 年 10 月 13 日
竣工时间：2016 年 1 月 23 日
建设规模：约 95000m²
本文作者：马丽雅　广州市园林建筑工程公司 助理工程师
　　　　　关　杰　广州市园林建筑工程公司 工程师

市民广场项目（一期）施工工程位于广州市南沙新区蕉门河东西两岸，工程内容包括原有景观和新建滨水景观、广场景观等施工过程中的地形改造、硬质铺装、植物栽植、景观建筑、构筑物、景观小品、水景、灯光、景观给排水及其他相关附属工程，总施工面积共约 95000m²，其中，陆地面积约 70000m²，水域面积约 25000m²。市民广场项目（一期）施工工程的建设单位为广州建筑股份有限公司，勘察单位为广东省地质建设工程勘察院，设计单位为广州园林建筑规划设计院，监理单位为广东建设工程监理有限公司，施工单位为广州市园林建筑工程公司。

市民广场项目（一期）施工工程于 2015 年 10 月 13 日开工，2016 年 1 月 23 日竣工，工程竣工决算 4799.38 万元，2016 年 7 月 20 日，由广州市南沙区基本建设办公室完成验收。

一、工程概况

本工程被市政道路分为三个地块：地块一为南沙区行政中心广场南面滨水

图 1　地块一广场

图 2　地块一广场平台

区域（图 1～图 5），南岸为拟建的规划信息档案中心，用地规模 35367m² （含水域）；地块二是凤凰大道、滨水大道、金岭一横路及工商局配套道路围合的滨水区域（图 6），用地规模 30219m² （含水域）；地块三由规划建设的图书馆、博物馆、美术馆、科技馆及周边规划道路围合而成的一个公共开敞空间（图7 ～图 10），用地规模 29392m²。本工程具有以下特点：

图 3　地块一广场景观

（1）本工程是一项公共事业，是在国家和地方政府领导下，旨在提高人们生活质量、造福于人民的公共事业。

（2）随着人民生活水平的提高，人们对环境质量的要求越来越高，对城市中的园林绿化要求亦多样化，工程的规模和内容也越来越大，工程中所涉及的面广泛，高科技已深入到工程的各个领域，如新型的铺装材料、新型的施工方法以及施工过程中的计算机管理等，给我公司施工队伍带来新的挑战。

（3）本工程的工作需要多部门协同作战。

图4 地块一广场草坪

图5 地块一园路

图6 地块二绿化景观

二、工程亮点

本工程通过各种植物的搭配，添加各类服务设施，达到净化空气、吸尘降温、隔声杀菌、观光休闲与美化环境的目的。本工程大部分实施对象都是有生命的活本，在施工过程中，切实保证了实施对象的成活，实现了经济效益、社会效益、环境效益三者的有效结合，直接体现了植物的生长性和本工程的可持续发展性。如图11～图13所示。

广州市南沙区市民广场项目（一期）工程的成功完成，施工人员发挥的作用不容忽视，他们具有文学的功底、艺术的眼光、专业的水准，将设计在图纸上难以描述的多维空间组景中植物的定位、姿态、朝向、大小及种类搭配，通过施工员的感悟、配合、调整而创造出最佳的工程作品（图14、图15）。

图 7　地块三广场大草坪

图 8　地块三行道树

由于植物主材有别于其他建设工程中的材料，是具有生命力的材料，同一植物品种有其共性，还存在着个体差异。比如，三株群植的乔木，具有相同的胸径、冠幅，而它们三者姿态的丰满度及高度不一致，施工人员充分发挥自己主观能动性，把三株植物进行因地制宜的调配组合，使其姿态丰满地处于主要观赏位置，前低后高，个体的姿态缺陷在组合位置上进行弥补，以达到最佳的植物景观效果。

三、主要施工程序与工艺

本工程的园林绿化施工程序与工艺如下：

按施工图纸要求，对现场进行土方整理──挖坑──土壤施肥消毒──选苗起苗──苗木及草坪栽植──养护。

1. 施工前准备工作

（1）查勘施工现场：摸清工程场地情况，为施工规划和准备提供可靠的资料和数量。

（2）内业计算：根据施工图计算，确定绿带内填挖土情况，计算出土方运输进出方量。

（3）编制施工方案：根据施工图，绘制土方开挖图，确定开挖路线、顺序、范围等。

2. 换种植土

（1）整地挖土：放样后用挖掘机挖土，分层分片清除。面土就近集中堆放，用于绿化种植土，深层土造地形深埋或外运。

（2）绿地回填土和种植土表层瓦砾土应回填到绿地底层，瓦砾土层平整后进种植土，对种植土的要求是通过对样品实验室分析，要求土颗粒均匀，以砂性为主，肥力中等以上，不结板，pH

图 9　地块三棕榈广场

图 10　地块三棕榈植物

值略呈微酸性，当未达到上述要求时，应更换种植土或采取补救措施，如施肥、调整酸碱性等方法。按设计要求造地形。种植土回填深度超过 50cm 时，下层土壤应分层回填夯实，防止不均匀沉降。在种植土到位完成初步造型后，让整个地形自然下降，同时进行土层消毒，应用高效低毒低残留农药，防止病虫害与杂草再生，清除表层土的垃圾、石块和杂草。最后进行细部平整，耙平耙细土壤，追施基肥。要求地形做到与标高相符，土层稳定，竖向曲线层次清晰，过度圆滑优美，平滑完整。

（3）反季节绿化施工措施：常规绿化施工一般是在正常情况下进行的，但本工程因季节时间的限制，属于突破季节限制的绿化施工。为了使施工获得成功，采取一些比较特殊的技术方法，来保证植物栽植成活，确保工程质量和工程进度。

3. 苗木选择

在非适宜季节种树，需要选择合适的苗木才能提高成活率。选择苗木时，应从以下几方面着手：

（1）选移植过的树木。最近两年已经移植过的树木，其新生的细根都集中在根蔸部位，树木再移植时所受影响较小，在非适宜季节中栽植的成活率较高。

（2）采用假植的苗木。假植几个月以后的苗木，其根蔸处开始长出新根，根的活动比较旺盛，在不适宜的季节中栽植也比较容易成活。

（3）选土球最大的苗木。从苗圃挖出的树苗，如果是用于非适宜季节栽种，其土球应比正常情况下大一些；土球越大，根系越完整，栽植越易成功。如果是裸根的苗木，也要求尽可能带有心土，并且所留的根要长，细根要多。

（4）用盆栽苗木下地栽种。在不适宜栽树的季节，用盆栽苗木下地栽种，一般都很容易成活。

图 11 棕榈群

4. 修剪整形

对选用的苗木，栽植之前应当进行一定程度的修剪整形，以保证苗木顺利成活。

（1）裸根苗木整剪：栽植之前，应对根部进行整理，剪掉断根、枯根、烂根，短截无细根的主根；还应对树冠进行修剪，一般要剪掉全部枝叶的 1/3 ～ 1/2，使树冠的蒸腾作用面积大大减小。

（2）带土球苗木的修剪：带土球的苗木不用进行根部修剪，只修剪树冠即可。修剪时，可连枝带叶剪掉树冠的 1/3 ~ 1/2；也可在剪掉枯枝、病虫枝以后，将全树的每一个叶片都剪截 1/2 ~ 2/3，以大大减少叶面积的办法来降低全树的水分蒸腾总量。

5. 栽植技术处理

为了确保栽植成活，在栽植过程中要注意以下问题并采取相应的技术措施。

（1）栽植时间确定：经过修剪的树苗应马上栽植。如果运输距离较远，则根蔸处要用湿草，塑料薄膜等加以包扎和保湿。栽植时间最好在上午 11 时之前或下午 4 时以后。

（2）栽植：种植穴要按一般的技术规程挖掘，穴底要施基肥并铺设细土垫层，种植土应疏松肥沃，把树苗根部的包扎物除去，在种植穴内将树苗立正栽好，填土后稍稍向上提一提，再插实土壤并继续填土至穴顶。最后，在树苗周围做出拦水的围堰。

（3）灌水：树苗栽好后要立即灌水，灌水时要注意不损坏土围堰。土围堰中要灌满水，让水慢慢向下浸到种植穴内。为了提高定植成活率，可在所浇灌的水中加入生长素，刺激新根生长。生长素一般采用萘乙酸，先用少量酒

图 12　广场绿化

图 13　绿道

2018 中国园林古建筑精品工程项目集

图 14　休闲木凳景观

图 15　游人休憩地景观

精将粉状的萘乙酸溶解，然后掺进清水，配成浓度为 200ppm 的浇灌液，作为第一次定植水进行浇灌。

6. 苗木管理与养护

　　由于在不适宜的季节中栽树，因此，苗木栽好后就更要加强化养护管理。平时，要注意浇水，浇水要掌握"不干不浇，浇则浇透"的原则；还要经常对地面和树苗叶面喷洒清水，增加空气湿度，降低植物蒸腾作用。在炎热的夏天，应对树苗进行遮荫，避免强阳光直射。

　　为了以后能创建更优质的园林绿化工程，积极参加园林绿化精品工程评选活动，这是提高施工质量的一种方式，同时借此机会提升施工人员的管理素质，为广州的园林建设事业做一份贡献。

工程备注
该项目被评为"广东省风景园林优良样板工程"金奖

流花湖公园总体提升项目(一期)

设计单位：广州园林建筑规划设计院
施工单位：广州市园林建筑工程公司
工程地点：流花湖公园东部
开工时间：2015 年 11 月 3 日
竣工时间：2016 年 3 月 3 日
建设规模：约 65000m^2
本文作者：余诗韵　广州市园林建筑工程公司　助理工程师
　　　　　陈俊文　广州市园林建筑工程公司　工程师

流花湖公园总体提升（一期）工程项目位于流花湖公园东部，工程内容包括整改部分餐饮建筑，建设拆围透景项目一期、东环慢行道、地面停车场，提升改造流花湖六个景点，拆除零星构建物等，还包括给排水及电气工程，其中电气工程包括广播系统、监控系统、功能性照明及景观照明，总建设面积约 65000m^2。流花湖公园总体提升（一期）的建设单位为广州市林业和园林绿化工程建设中心，设计单位为广州园林建筑规划设计院，监理单位为广东省城规建设监理有限公司，施工单位为广州市园林建筑工程公司。

流花湖公园总体提升项目（一期）于 2015 年 11 月 3 日开工，2016 年 3 月 3 日竣工，工程竣工决算为 2100.72 万元，2017 年 8 月 3 日，由广州市林业和园林绿化工程建设中心完成验收。

一、工程概况

流花湖公园总体提升（一期）在景观、小品、植物配置等方面都讲究艺术性，景观效果给人以美的感受（图 1 ～ 图 12）。因此，工程无论是在设计方面还是在施工方面，都达到了专业上的深层次要求以及对于园林艺术美的特殊要求，尤其是在改善生态环境的要求上更下足了功夫，实现了经济效益、社会效益、环境效益三者的有效结合。

本工程主要建设有五个园区，包括农趣园区、北片景区、勐苑景区、浮丘景区及环湖休闲带，主要是在原有基础上进行改造，包括拆除原有破损严重的旧建筑物，如勐苑景区的家宴、流花粥城，浮丘景区的浮丘花架廊、荫棚、浮丘岛、茶室，环湖休闲带的流花东苑艺博馆厕所等；其次是拆除原有围墙，恢复种植绿化，

图1　湖边长廊远景

做到园内园外景色通透；还有就是翻新原有建筑物，如六角亭、亭廊组合、勐苑廊、浮丘花架廊等；保留长势良好的大小乔木，并局部增加具有特色的灌木、地被等植物。园内新增一条休闲慢行道。

二、主要施工程序与工艺

本工程的园林绿化施工程序和工艺如下：

1. 绿化工程施工顺序

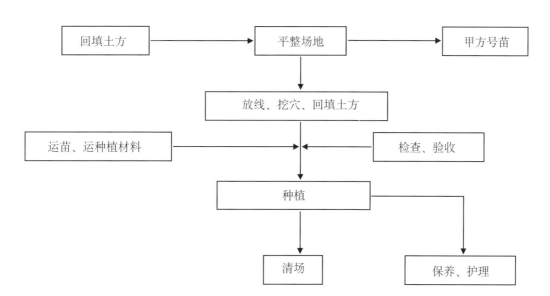

图2 湖边景色

图3 草皮种植

图4 湖边花架廊

图5 花架廊

2. 绿化种植工程施工工艺

（1）平整场地

施工前将工作面内的各种杂物、石头、垃圾等清除，集中后运走，然后按设计要求构筑地形，再加肥泥、种植土、有机肥进行平整，保证场地无不平、积水现象。对草坪、花卉种植地应翻耕2~30cm，搂平耙细，平整度和坡度应符合设计要求。

（2）土壤改良

种植前对该施工现场土壤的物理性质进行分析，对含有建筑废土及其他有害成分的土壤，以及强酸性土、强碱土、盐土、盐碱土、重黏土、沙土等采取相应的消毒、施肥和客土等措施进行土壤改良。土壤改良用深耕、增施有机肥的手段来完成。有机肥多为腐熟的农家有机肥或泥炭土，与表层细土按一定比例混合，种乔木、灌球体时埋于树穴底部，种地被、草花卉时撒施表面，有效改良土壤结构，增进土壤肥力。

（3）放线、挖穴

按照设计要求放线（线条顺畅，面积、大

小合适），定穴位（长、宽、高符合要求）。挖穴前向有关部门了解施工地点的地下管线埋设情况；挖穴时小心谨慎，发现电缆、管道等必须停止操作，及时找有关部门配合解决。种植穴规格执行如下标准（表1～表5）：

表1　常绿乔木类种植穴规格(cm)

树高	土球直径	种植穴深度	种植穴直径
150	40~50	50~60	80~90
150~250	70~80	80~90	100~110
250~400	80~100	90~110	120~130
400 以上	140 以上	120 以上	180 以上

表2　落叶乔木类种植穴规格(cm)

胸径	种植穴深度	种植穴直径	胸径	种植穴深度	种植穴直径
2	30~40	40~60	5	60~70	80~90
3	40~50	60~70	6	70~80	90~100
4	50~60	70~80	8	80~90	100~110

表3　花灌木类种植穴规格(cm)

冠径	种植穴深度	种植穴直径
200	70～90	90～110
100	60～70	70～90

表4　竹木类种植穴规格(cm)

种植穴深度	种植穴直径
盘根或土球深 20～40	比盘根或土球大 40～60

表5　绿篱类种植槽规格(cm)

苗高	种植方式	
	单行（深×宽）	双行（深×宽）
50～80	40×40	40×60
100～120	50×50	50×70
120～150	60×60	60×80

（4）运苗、运种植材料

苗木采用即起、即包、即运，起吊小型苗木（带上球）时用绳网兜着土球吊起，不得用绳索缚捆根颈起吊。重量超过1t的大型苗木，在土球外部套纤维缆起吊。运输过程保持一定的水分，装卸时注意轻拿轻放，以防止泥头松散。不得损伤苗木和造成土球松散，并按车辆行驶方向，将土球向前，树冠向后扎放整齐。

乔木的装车、运输、卸车等各项工序，需保证树木的树冠、根系、土球的完好，不应折断树枝、擦伤树皮或损伤根系。装运高度2m以下的苗木，可以立放；2m以上的应斜放，

图6　花架廊景观一角

图7　花架廊园路

图 8　浮丘入口

图 9　木栈道

土球向前，树干向后，并用木架将树干架稳扎牢，垫牢挤严。卸车时应双手抱土球轻轻放下或用网格兜着土球底部抬下。若土球较大，宜借助木板将土球从车上顺势慢慢滑下，不可滚动土球。土球直径超过 60cm 的树苗，应用吊车装车，卸车时直接吊到树穴辅助种植。

（5）修剪及种植

按照设计要求准确、规范种植苗木。先种乔、灌木，再

2018 中国园林古建筑精品工程项目集

图 10　木栈道长廊

种地被，最后铺种草皮。

①苗木修剪：种植前应进行苗木根系修剪，宜将劈裂根、病虫根、过长根剪除，并对树冠进行修剪，保持地上、地下平衡。高大落叶乔木或常绿乔木应保持原有树形，适当疏枝；常绿针叶树不宜修剪，只剪除病虫枝、枯死枝、生长衰弱枝、过密的轮生枝和下垂枝；行道树的乔木，定干高度宜大于 2.5m，第一分枝点以下枝条应全部剪除，分枝点以上枝条的情疏

剪或短截，并应保持树冠原形。

②苗木种植：种植前先检查种植穴大小及深度，不符合根系要求时应修整种植穴。种植时，根系必须舒展，填土应分层踏实，种植深度应与原种植线一致。非种植季节种植时提前采取疏枝、环状断根以及摘去部分叶片，减少乔木水分蒸藤等处理。栽植后，必须在当天淋透定根水，大乔木做好支承固定。大型棕榈种植后（如华盛顿葵、野海枣、甘蓝椰子），在顶芽叶心吊挂"椰甲青"药包，以增强抵抗力，有效防治病虫害，提高成活率。

（6）保养护理、清场

苗木种植后，当天淋足够定根水，施工完毕后，做到人走场清。平时浇水根据苗木生长情况及时补水。遇干旱天气时，应增加浇水次数。干热风季节，应对新发芽放叶的树冠喷雾，宜在上午 10 时前和下午 4 时后进行。浇水时应防止因水流过急冲刷裸露根系或冲毁围堰，造成跑漏水。浇水后出现土壤沉陷，致使树木倾斜时，应及时扶正、培土。枯枝、落叶、杂草及时清理。

另外，在施工过程中，栽植规划是否能成功，很大程度上取决于当地的气候、土壤、排水、光照、灌溉等生态因子。因此，在进行栽植工程施工前，施工人员经过设计人员的设计交底，充分了解设计意图，理解设计要求、熟

图 11　木栈道平台

悉设计图纸，向设计单位和工程甲方了解有关材料，如工程的项目内容及任务量、工程期限、工程投资及设计概（预）算、设计意图，了解施工地段的状况、定点放线的依据、工程材料来源及运输情况，必要时应做出场调研。

三、工程的重点及难点

本工程中有长约 1250m 的毛石驳岸，需要进行围堰处理，围堰总长度约 1300m，全部采用拉森Ⅳ型钢板围堰。待围堰好后再进行毛石砌筑，由于施工现场基本围绕湖边施工，因此以围堰钢板为支撑点用竹或者钢架搭棚架，采用人工运送毛石、水泥沙等。

浮丘景区位于湖心，只有一座桥通往湖心，施工机械无法由此桥进入到施工地点。根据现场情况，在最靠近浮丘景区对面的陆地做支撑地块，采用浮船运送勾机、泥头车等机械上岛，施工过程中产生的建筑垃圾等再由浮船运送泥头车进行清运。

由于本工程施工面积较大，且工期较短，结合工程特点，采用点、线、面的模式进行施工，即从点如回波榭、观鹭台、西苑一室、厕所等开始施工，再进行线如环湖慢行道、缓跑径、毛石驳岸等施工，最后进行面如勐苑景区、浮丘景区等施工。水电施工和绿化施工穿插在土建施工期间，做到不重复开挖施工面，尽量争取施工时间。

2018 中国园林古建筑精品工程项目集

图 12　休闲小广场

四、工程经验

在施工过程中，安排施工机械时主要重视以下两点，这也是本工程最为突出的优势和经验：第一，合理确定使用机械型号，机械型号不同，费用也不同，因为多数机械都是按半个台班起算的，施工人员根据实际情况，选择合适的机械型号，既保证了工作效率，也兼顾了机械成本；第二，为了节约机械使用的时间，在使用机械时提高工作效率，比如，石材放置的位置合理，避免少用叉车；吊车栽植乔木时，看好苗木的位置，注意树坑的深浅，尽量做到一次吊到位，避免反复吊运，浪费时间，增加成本。

筑苑　流花湖公园总体提升项目（一期）

广平县环城水系二期景观及绿化工程

设计单位：河北大澳城市规划设计有限公司
施工单位：常州环艺园林绿化工程有限公司
工程地点：河北省邯郸市广平县
开工时间：2015 年 3 月 31 日
竣工时间：2016 年 3 月 31 日
建设规模：1522797m²
本文作者：许建刚　常州环艺园林绿化工程有限公司　总经理
　　　　　刘　清　常州环艺园林绿化工程有限公司　技术负责人

广平县环城水系二期景观及绿化工程位于河北省邯郸市广平县，自南向北，本项目通过滨河园路将文化园、漳江烟雨、码头三处主要景观节点串联（图 1 ～图 7），将休闲健身的自行车道作为全段的慢行系统，在提升了广平县景观环境及城市品位的同时，为市民提供了休闲健身的公共场所。

图 1　环城水系一角

一、工程概况

广平县环城水系二期景观及绿化工程合同内工程占地面积 1522797m²，绿化面积 202441m²，主要施工内容包括设计图纸中的微地形、广场、园路、照明、排水、绿化、供电、景观等（图 8 ～图 12）。本工程建设单位为广平县住房和城乡建设局，设计单位为河北大澳城市规划设计有限公司，监理单位为邯郸市新赵市政工程监理有限公司，施工单位为常州环艺园林绿化工程有限公司。

广平县环城水系二期景观及绿化工程于 2015 年 3 月 31 日开工，2016 年 3 月 31 日竣工，工程造价为 49300980 元，2016 年 6 月 23 日完成工程验收。

二、项目理念

广平县环城水系二期景观及绿化工程充分重视原有历史遗存，从景观及功能上重新组织，延续了原有的景观格局，改变环城河及周边景观的空间形式，实现水上及步行游览系统的贯通，达到了城市景观河的效果（图13~图17）。

图2 环城水系远景

三、工程的重点及难点

本工程施工期正值国家战略水资源统一调水期，在开闸放水的情况下，两岸的施工变得很复杂。大范围的土方施工，既要创造出自然舒缓的坡形，又要避免水系沿岸出现水土流失情况，成为本工程的一大难点。为此，我们调配大量工人，对部分项目进行围堰施工，同时，

我们还在斜坡上设置数道隐形挡土墙以防土壤滑坡。

工程历时一年多时间，经历了春、夏、秋、冬四个季节，其中夏季进行了大量的反季节种植，大多数大乔木采用骨架移栽苗，小苗大多采用容器苗，提高了苗木的成活率。我方还制定了详细的种植规划，运用高空喷雾机和水车

图3 拳壮朝宗

图4　漳江烟雨夜景（一）

图5　漳江烟雨夜景（二）

图6　游船码头一角（一）

图7　游船码头一角（二）

图8　照明系统

2018 中国园林古建筑精品工程项目集

进行喷水喷雾，适时适量进行浇灌，大量使用生根液及树干注入液等措施。冬季持续0℃以下低温时，我方制定了保温措施对植物根部进行地膜覆盖，对枝干进行麻布和薄膜双层绕干等措施，降低冻害程度。

四、新材料、新技术、新工艺的应用

（1）透水地坪的采用。工程建设中，采用了大面积的透水地坪（图18）铺装，面积大

图9 古亭夜景

且应用于人行道铺装。彩色透水地坪系统,主要由水泥、外加剂、矿物物掺料、标石、彩石纤维、彩色强固剂和水等8种物质共同构成,是一种能够有效补充地下水、缓解城市热岛效应的优秀铺装。

（2）建设中把节能、生态和资源的可持续利用作为一项重要举措。在节能环保方面,在环城水系两岸设置了多个古建筑无塔供水房（图19、图20）及配电站,既用水能代替其他能源,又提高了周边的景观效果。

（3）采用打吊针和用"树动力"直接注射的方法,提高树木移植后的成活率。

图10 亭细部

图11　花架

图12　野趣

图13　环城水系一角

图14　塑木木栈道

图15　休闲广场一角

（4）对部分不易成活的苗木，在其树干周围铺地膜减少地面水分蒸发，防止土壤板结，提高地温，促使苗木生根发芽。

广平县环城水系二期景观及绿化工程打通了广平主城区所有环网通道，将城区与农村相衔接，形成了城网与农网相互依托、相互补充的局面。环城水系景观绿化工程是城市基础设施建设的一部分，大大提升了城市生态环境，吸引了大量的市民来此游览、健身，成为广平一道亮丽的风景线，也巩固和提高了常州环艺园林绿化工程有限公司的社会影响力。

图 16　古建亭

图 17　亭

图 18　透水地坪

图 19　古朴的无塔供水设备房（一）

图 20　古朴的无塔供水设备房（二）

全椒县达园景观绿化工程

设计单位：浙江省风景园林设计院有限公司

施工单位：芜湖新达园林绿化集团有限公司

工程地点：安徽省滁州市全椒县

开工时间：2015 年 12 月 12 日

竣工时间：2016 年 8 月 20 日

建设规模：59100m²

本文作者：刘军军　芜湖新达园林绿化集团有限公司 经理

　　　　　徐国华　芜湖新达园林绿化集团有限公司 经理

　　全椒县达园景观绿化工程由芜湖新达园林绿化集团有限公司承建，位于安徽省滁州市全椒县，达园总设计面积5.91万 m²，水系面积约 1.7 万 m²。该工程于 2015 年 12 月 12 日开工，2016 年 8 月 20 日竣工，工程造价416.01 万元。建设单位为全椒县园林绿化管理所，监理单位为皖东建设监理有限公司，设计单位为浙江省风景园林设计院有限公司，施工单位为芜湖新达园林绿化集团有限公司。

　　达园景观通过"立意—布局—理微"的传统造景手法，以"一园·两带·三区·六景"的总体布局，打造一处继承全椒文化特色，蕴含浓郁人文气息的传统自然山水园。工程建设内容包括福德楼、亭廊工程、铺装、园路、公厕 A、B 建筑，亲水平台、曲桥、平桥、慈心桥、驳岸、绿化等工程，是集风景园林、娱乐设施、健身场所、景观、休闲于一体的综合性公园。

一、工程概况

　　达园景观规划设计以北侧南屏山森林公园为背景，通过现有水体利用，梳理山水格局，延续"南屏山森林公园"和"生园"的人文景观脉络，试图打造具有全椒地域特色的人文山水园。达园分别在北侧、南侧及东侧设有三个出入口，其中南侧及东侧出入口为具有地域特色的门楼设计，北侧为特色铺装搭配植物造景，三大出入口遥相辉映，既满足游客通行需求，又满足了观赏需求（图1、图2）。

　　达园内部分为景观核心区、林荫活动区以及滨水游憩区三个区域，景观核心区包括临水平台等景观构筑，通过广阔水面给人们提供冥思自省的独特空间（图3）。林荫活动区通过蜿蜒的林下园路，引领游人进入达园。而滨水游憩区是达园最大的水系，以展现园区独特的

图1　公园东入口

图2　公园北入口

图3　公园中心水系

水面风光，丰富达园公共空间。三大区域交相辉映，满足游客行人休闲需求。同时园区设有小卖部及厕所等公共设施，满足游客行人停歇需求。

达园植物造景分为林荫活动区和生态水岸绿化区，林荫活动区通过高大乔木和低矮灌木营造林下活动空间，为游人提供林下游憩空间。生态水岸绿化区以观赏水面风光与荷塘景色为特色，通过浮水植物、挺水植物搭配，形成独特的岸线景观（图4～图6）。

二、工程亮点

在施工理念上，达园在原有的设施基础上，增建了一批法治长廊、法治雕塑、法治小品、法治铭石、宪法宣誓墙、法治宣传橱窗等景点设施，在不改变公园原有自然景观的前提下，注入大量的法治文化元素，打造全椒县首个法治主题公园（图7、图8）。

提升后的法治公园依托达园园林基础，坚持科学布局、因地制宜，运用长廊、石刻、标识、宣传栏、塑像、步道等景观形式，由法治雕塑、法治石刻、法治小品、法治长廊、谜语步道、法治宣传栏5大部分组成，内容涉及法律法规、法治典故、法治名人、法治格言等内容。依托原有景观融入法治文化元素，将原法治公园建成集健身休闲、普法学习、文化教育于一体的升级版法治文化

图4　公园水景

图5　水系一景（一）

图6　水系一景（二）

平台，让广大群众休闲有去处、学法有趣味、践行有榜样、境界有提升，在潜移默化中受到法治教育和文化熏陶。

通过改造将达园打造成三季有花、四季有绿的绿化设计搭配特色构筑物、法治主题公园，为市民增加一处休闲娱乐的好场所，也为游客提供旅游的好去处。

三、工程的重点及难点

1. 工程的重点

（1）景观绿化工程

整理绿化用地，外购种植土回填，现场土方整体平衡；现场土方改良；栽植各种大小乔木、灌木、色带、地被植物及草坪铺植；以及上述苗木、草皮的采购、起挖、包扎、运输、挖坑、施肥、栽植、支撑、草绳绕干、修剪、养护等一系列工作（图9、图10）。

（2）小品、铺装及其他工程

人行道块料铺设：素土夯实，铺设碎石垫层、C15素混凝土垫层，铺设1：3干硬性水泥砂浆结合层，透水砖、盲道砖铺设。石材广场：路基碾压，铺设碎石垫层、C15素混凝土垫层，铺设水泥砂浆结合层，花岗岩铺装。彩色沥青路面：路基碾压，铺设碎石垫层、砂滤层，铺设强固秀水混凝土。安砌侧（平、缘）石：素土夯实、铺设碎石垫层、C15素混凝土垫层，干硬性水泥砂浆、花岗岩侧石安砌。护坡：杉木桩护坡。矮墙：素土夯实，铺设C15素混凝土垫层、砖砌体、水泥砂浆找平层；做花岗岩饰面（图11～图14）。

2. 工程的难点

本工程为园内绿化，古建筑较多，施工难度较大，所以要踏勘现场，充分考虑，编制切实可行的施工组织设计，注意安全文明施工。

本工程绿化苗木数量较大、施工面积较大、工期要求较短，在已建设完工的施工路段施工，需全面铺开进行施工，并与本工程施工现场各协作、配合单位密切联

图7　法治主题公园

图8　法治长廊

图9　疏林草地

图 10　公园景观

图 11　园路景观

图 12　游园步道

系、主动配合，服从建设单位的统一管理。

四、新技术、新材料、新工艺的应用

根据以往施工中存在的问题，以及当今景观园林施工中普遍存在的技术难题，积极开展群众性的技术革新活动，人人动脑筋，在应用和研制新技术、新工艺、新材料、新设备方面依靠技术进步，为优质快速地建设本项目服务。

1. 采用 GPS 测量技术

园路和景观位置不规则，用传统的测量放线技术困难，且工作效率不高，同时也难以把握全局性的掌控能力。所以在本项目施工中采用 GPS 测量技术，GPS 的测量精度高，且不会积累测量误差，完全可以满足园林工程的测量要求。

2. 采用 ABT-3 生根粉

ABT-3 生根粉对于常绿针叶树种及名贵难生根树种的快速生根、提高成活率具有明显效果。

3. 采用 KD-1 型保水剂

采用 KD-1 型保水剂加强土壤的储水保水能力，提高了苗木的成活率。

4. 微喷应用

为了提高移植树木成活率并降低成本，在树冠部位均匀布设喷头，喷头可结

图 13　休息长廊

图 14　休息亭

合喷灌的安装，预留出微喷装置。

5.信息技术的应用

加强计算机在施工管理中的应用，推行现代化技术管理。

全椒县达园景观绿化工程是安徽省滁州市全椒县规划改造重点工程之一，是市、县政府为提高城市居住环境、生态环境而建造的一项重大工程。本工程施工工艺优良，工程质量良好，营造出了宜人的公共环境，具有良好的社会效益。

工程备注

该项目荣获"鲁班杯·2017 年中国建筑业优质工程奖"

砀山县砀郡公园及侯楼公园景观绿化工程

设计单位：西北综合勘察设计院

施工单位：安徽腾飞园林建设工程有限公司

工程地点：安徽省宿州市砀山县

开工时间：2016 年 9 月 26 日

竣工时间：2016 年 12 月 26 日

建设规模：59000m²

本文作者：项立忠　安徽腾飞园林建设工程有限公司 技术负责人

　　　　　项立海　安徽腾飞园林建设工程有限公司 技术负责人

砀山县砀郡公园及侯楼公园景观绿化工程项目的建设地点位于安徽省宿州市砀山县，工程面积 5.9 万 m²（图 1 ～图 11）。该工程于 2016 年 12 月 26 日开工，2016 年 12 月 26 日竣工，2017 年 6 月 26 日完成竣工验收，工程总造价为 1336.48 万元。本项目建设单位为砀山县住房和城乡建设局，设计单位为西北综合勘察设计研究院，监理单位为河南荣泰工程管理有限公司，施工单位为安徽腾飞园林建设工程有限公司。

一、项目理念

开放式城市公园作为城市的绿肺，是城市生态园林环境的重要体现，更是所处地域人们生活休闲的好去处。城市的发展、人民生活水平的提高对开放式公园的景观设计提出来了更高的要求，砀山县砀郡公园及侯楼公园景观绿化工程设计从自身的区位条件出发，结合当地的经济水平、人们的休闲爱好，将传统封闭式公园的景观设计理念与开放式公园设计理念相融合，符合人性化的需要，在满足城市生态需求的同时，丰富了百姓的生活空间。

图 1　公园一角

二、主要施工技术与方法

各个施工阶段既相互联系又相互制约，因此在施工过程中应尽量遵循"平行流水、立体交叉"的法则来组织施工，使相关的施工阶段做到衔接紧密、穿插有序。

1. 土石方工程

（1）土方平衡及调配

①操作流程

确定开挖、推土顺序和边坡——分段分层开挖、推土——修边清理。

②操作要点

对定位标准桩、轴线引桩、标准桩点、桩木等运土、推土时不得撞碰，并应经常测其平位置，以及水平标高和坡度是否符合设计要求，定位标准桩和标准水准点边应定期复测和检查是否正确。

土方开挖、推土时，应防止邻近物、道路、管线等发生下沉和变形，必要时应与设计或建设单位协商，采取防护措施，并在施工中进行沉降或移位观测。

施工中，如发现有文物或古墓等，应妥善保护，并应及时报请当地有关部门处理，方可继续施工；如发现有测量用的永久性标桩或地质、地震部门设置的长期观测点等，应加以保护；在设有地上或地下管线、电缆的地段进行施工时，应事先取得有关管理部门的书面同意，施工中应采取措施，以防止损坏管线，造成严重事故。

（2）机械回填土

图2 绽放的紫薇

图3 麒麟石

机械回填土的工艺流程为：基底地坪的清整——检验土质——分层铺土——机械碾压密实——检验密实度——修整验收。

①填土前，应将基土上的洞穴或基底表面上的树根、垃圾等杂物都处理完毕，清除干净。

②检验土质：检验回填土料的种类、粒径，有无杂物，是否符合规定，以及土料的含水量是否在控制的范围内。如含水量偏高，可采用翻松、晾晒或均匀掺入干土等措施；如遇回填土的含水量偏低，可采用预先洒水润湿等措施。

③填土应分层铺摊：每层铺土的厚度应根据土质、密实度的要求和机具性能确定，但每层厚度不超过60cm。

④碾压机械压实填方时，应控制行驶速度，

本工程拟采用碾压机械分层碾压，分层厚度不大于60cm，并随碾压随找平。

⑤碾压时，轮（夯）迹应相互搭接，防止漏压或漏夯。长宽比较大时，填土应分段进行，每层接缝处应做成斜坡形，碾迹重叠0.5~1.0m，上下层错缝距离不应小于1m。

⑥填方超出基底表面时，应保证边缘部位的压实质量。运土后，如设计不要求边坡修整，宜将填方边缘宽填0.5m；如设计要求边坡修平拍实，宽填可为0.2m。

⑦在机械施工碾压不到的填土部位，应配合人工推土填充，用蛙式或柴油打夯机分层夯打密实。

⑧回填土方每层压实后，应按规范进行取样检验，测出干土的质量密度、压实度，达到要求后，再进行上一层的铺土。

⑨填方全部完成后，表面应进行拉线找平，凡超过标准高程的地方，及时依线铲平，凡低于标准高程的地方，应补土夯实。

（3）人工回填土细整

填土前应将地面上的垃圾等杂物清理干净。人工采用蛙式打夯机，每层铺土厚度为200~250mm，人工打夯不大于200mm。每层铺摊后，随之耙平。回填土每层至少夯打三遍。打夯应一夯压半夯，夯夯相接，行行相连，纵横交叉，并且严禁采用水浇使土下沉的所谓"水夯"。修整找平：填土全部完成后，应进行表面拉线找平，凡超过标准高程的地方，及时依线铲平，凡低于标准高程的地方，应补土夯实。

（4）土壤更换、改良

本工程主要为道路绿化内的种植土回填，

图4　婀娜多姿的垂柳

图5　特色鹅卵石园路

下层回填土为粉砂土，上层为种植土回填。为保证现场苗木种植成活率及表层土质，进行表层种植土范围内的土壤改良。改良采用黄土。改良顺序为：回填下层土——回填上层种植土——回填黄土——掺和改良——乔灌木树池改良。

2018中国园林古建筑精品工程项目集

2. 绿化种植

（1）地形细整

根据建设方提供的施工场地，对照设计施工图进行场地细整。应使整个地形的坡面曲线和顺，保持排水通畅。堆筑地形时，根据放样标高，由里向外施工，边造型，边压实，施工过程中始终把握地形骨架，翻松辗压板结土，机械设备不得在栽植表层土上施工。微地形粗整形完成后，人工细做覆盖面层，保持表面土质疏松，并清理杂物。人工平整时从边缘逐步向中间收拢，使整个地形坡面曲线和顺、排水通畅。回填土的含水率应控制在23%左右，不允许含有粒径超过10cm的石块，雨天停止作业，雨后及时修整和拍实边坡。若施工场地有垃圾、渣土、建筑垃圾等要进行清理。

（2）定点放线

首先按工程布置的图纸标出种植地段、种植位置及品种的轮廓，并进行放样。按现场监理工程师提供的水准点、坐标基准点结合图纸，确定放样基准点。用经纬仪完成施工坐标控制网放设，对所有基准点打桩定点，复杂地点及建筑用地应加密控制网。分别对绿化苗木栽植位置等进行放样，每次放样后，报请监理工程师进行审核，核准后、进行下一道工序的施工。对交叉施工造成的放样破坏及时进行复样，保证施工精确度和进程。整个放样工序按：基准点确定—控制网放样—放样—核实—使用—复线—使用的途径进行。

（3）苗木栽植

①苗木栽植前先对苗木进行自检，然后报请监理工程师进行抽检，不合格苗木不允许进场。

②对比较干旱的树穴先灌穴，待水全部渗下去后方可栽植，同时为提高成活率，可使用一定浓度的ABT生根粉以促进新根的萌发。

③栽前对苗木进行修剪，修剪的原则是灌木保持其自然树形，短截时保持树冠内高外低，疏枝应保持外密内疏。栽后修剪时，应以疏除为主，修剪总量不超过1/4~1/3，保持主枝、侧枝分布均匀。修剪后较大创口应涂抹保护剂，起到杀菌、促使伤口愈合的作用。

④栽植位置要符合设计图纸要求：树木高矮干径大小要搭配合理，树体要保持上下垂直，不得歪斜，树形好的一面要迎着主要观赏方向。

⑤栽带土球苗木时，应提草绳入坑摆好位置后放稳再剪断腰绳和草包，以保持土球不松不散，并应尽量将包装物取出，然后填土踩实，踩实时不要直接踩压土球。

⑥栽植较大规格的常绿树或落叶乔木时，应立支柱对树体进行保护，立支柱的方向应在下风口。支撑要捆绑牢靠，高度一致、整齐美观。支撑时为了保护好树体支撑点的树皮要进行必要的缠绕保护，材料采用棕皮式或草绳等，支撑杆采用高度一致、粗细均匀的竹杆或杉木杆。

⑦绿篱成块种植或色块种植时，应由中心向外顺序退植；坡式种植应由上向下种植；大型块植或不同色彩丛植时，宜分区、分块种植。

（4）养护管理

根据天气情况和土壤水分状况以及苗木本身的需水量，适时浇水。缓苗过程结束后苗木开始生长，适当追施肥料，中耕除草。经常巡逻值班，防止盗苗，发现死苗或缺苗，及时补栽。根据病虫害发生情况，适时对苗木进行病虫害防治。冬季封冻前浇足冻水，并清理苗木

图 6　汀步石

图 7　特色景观亭

附近杂草，防火灾毁苗。

3. 铺装工程

（1）花岗岩铺装

本工程铺装结构层为15cm厚碎石垫层，10cm厚C20商品混凝土基础，具体施工如下：

①碎石垫层施工

本工程碎石垫层为15cm，采用人机配合施工，采用6~10t的压路机碾压。边、角及小面积采用人工敷填，基本就位后利用小型机械进行震动压实，以确保基层的密实性。

②混凝土基础施工

商品混凝土的组织供应应及时和连续，确保浇捣顺利进行，先用插入式振捣器振捣，应快插慢拔，插点应均匀排列，逐点移动，顺序进行，不得遗漏，做到振捣密实。移动间距不大于振捣棒作用半径的1.5倍。后用平板振捣器振捣，移动间距应能保证振动器的平板覆盖已振捣的边缘。混凝土不能连续浇筑时，一般超过2h，应按施工缝处理。浇筑混凝土时，应经常注意观察模板、支架、管道和预留孔、预埋件有无走动情况。当发现有变形、位移时，应立即停止浇筑，并及时处理好，再继续浇筑，混凝土振捣密实后，表面应用木抹子搓平。

③面层铺装施工

样板引路：石材铺装关键工序须执行样板引路，对关键点位、工序须提前预控，做出样板检查达标后，方能大面积进行施工，避免不必要的返工。

面层铺设：铺贴时从中心向外开始，逐行拉线。铺贴前，石材背面满涂素水泥浆，按控制线位置铺贴，将地面铺平，用橡皮锤轻击使其与砂浆粘结紧密，同时调整其表面平整度及缝宽，将缝内的干水泥砂和残留的水泥浆清理干净。

嵌缝：铺贴完毕24h后用1∶1水泥浆灌缝，选择与地面颜色一致的颜料与白水泥拌和均匀后嵌缝。

清理养护：清理残留在石材表面的剩余砂浆，铺好塑料布，防止污染、磕碰；养护期不少于7d，养护期应封闭交通，杜绝上人、上车及堆放材料等。

（2）嵌草砖铺设方法

路基的开挖：根据设计的要求，路床开挖，清理土方，并达到设计标高；检查纵坡、横坡及边线，是否符合设计要求；修整路基，找平碾压密实，压实系数达 95% 以上，并注意地下埋设的管线。

基层的铺设：铺设 150~180mm 厚的级配砂石（最大粒径不得超过 60mm，最小粒径不得超过 0.5mm），并找平碾压密实，密实度达 95% 以上。

找平层的铺设：找平层用中砂 30mm 厚，中砂要求具有一定的级配，即粒径 0.3~5mm 的级配砂找平。

面层铺设：面层为路面砖。在铺设时，应根据设计图案铺设路面砖。铺设时应轻轻平放，用橡胶锤锤打稳定，但不得损伤砖的边角，然后用营养土填充砖孔，再植草，浇水养护。质量要求符合联锁型路面砖路面。

（3）园林道路及装饰面层的施工

施工程序：测量放样——培肩——压实——恢复边线——清槽——整修——压实——浇筑垫层——铺设面层。

操作工艺：

①测量放线

路槽培肩前，应沿道路中心线测定路槽边缘位置和培垫高度，按间距 20~60mm 钉入小木桩，用麻绳挂线撒石灰放出纵向边线，桩上应按虚铺度作出明显标记，虚铺系数根据所用材料通过试验确定。

②培肩

根据所放的边线先将培肩部位的草和杂物清除掉，然后用机械或人工进行培肩。培肩宽度应伸入路槽 15~30cm，每层虚厚以不大于 30cm 为宜。

③压实

路肩培好后，将采用蛙式打夯机进行压实。

④恢复边线

操作工艺与测量放线基本相同，将路槽边线基本恢复。

⑤清槽

根据恢复的边线，按挖槽式操作工艺，用机械或人工将培肩时多余部分的土清除，经整修后，采用打夯机对路槽进行压实。整修压实操作与槽挖式相同。

⑥园路混凝土的浇筑

园路浇筑，应按设计规定留置伸缩缝。在浇筑园路混凝土时宜先低处后高处，避免出现冷缝。在混凝土浇筑时，应采用机械进行振捣，以保证混凝土的密实，振捣时间一般以 10s 为宜，不应漏振或过振，振捣延续时间应使混凝土表面浮浆无气泡、不下沉为止。铺灰和振捣应选择对称位置开始，防止模板走动，结构断面变小。常温下混凝土浇筑后 6~10h 该浇水养护，要保持混凝土表面湿润，养护时间不少于 14d。

⑦露骨料饰面：混凝土露骨料主要采用刷

图 8　河道景观一角

图9 曲径通幽——园路

洗的方法，在混凝土浇筑好后2~6h内就应进行处理，最迟不得超过浇筑好后的16~18h。刷洗应当从混凝土板块的周围开始，要同时用充足的水把刷掉的泥沙洗去，把每一粒暴露出来的骨料表面都洗干净。刷洗后3~7d内，再用10%的盐酸水洗一遍，使暴露的石子表面色泽更明净，最后还要用清水把残留盐酸完全冲洗掉。

⑧片块状材料的地面铺筑

湿法铺筑（石材贴面、规则冰纹黄片石、青片石）：采用30mm厚1：2.5水泥砂浆垫在路面面层混凝土板上面作为结合层，然后在其上面铺砌石材板料，铺砌时需进行位置和标高的控制，确保板缝平整、结合紧密、板块之间标高一致，同时确保板块与砂浆之间结合紧密、无空鼓现象，板块之间的结合以及表面抹缝，同样采用相同的水泥砂浆。

干法铺筑：采用40厚的中粗沙层。铺筑时，先将中粗砂在混凝土面层上平铺一层，铺好抹平后，按设计的面砖块拼装图案。路面每拼装好一小段，就用平直的木板垫在顶面，以铁锤在多处震击，使所有砌块的顶面都保持在一个平面上，这样可使路面铺装十分平整。路面铺好后，再用干燥的细砂撒在路面上并扫入面砖缝隙中，使缝隙填满，最后将多余的细砂清扫干净。以后，面砖下面的垫层材料慢慢硬化，使面砖和下面的基层紧密地结合在一起。

⑨花岗岩面层铺设

花岗岩面层铺装是园路铺装的又一个重要的质量控制点，必须控制好标高、结合层的密实度及铺装后的养护。

在完成的水泥混凝土面层上放样，根据设计标高和位置打好横向桩和纵向桩，纵向线每隔板块宽度1条，横向线按施工进展向下移，移动距离为板块的长度。

将水泥混凝土面层上扫净后，洒上一层水，略干后先将1：2.5的干硬性水泥砂浆在稳定层的上面平铺上一层，厚度为3cm厚作结合层用，铺好后抹平。

再在上面薄薄的浇一层水泥浆，然后按设计的图案铺好，注意留缝间隙按设计要求保持一致，面层每拼好一块，就用平直的木板垫在顶面，以橡皮锤在多处振击（或垫上木板，锤击打在木板上），使所有的石板的顶面均保持在一个平面上，这样可使广场铺装十分平整。

花岩铺设好后，再用干燥的水泥粉撒在路面上并扫入砌块缝隙中，使缝隙填满，最后将多余的灰砂清扫干净。以后，石板下面的水泥砂浆慢慢硬化，使板与下面的稳定层紧密结合在一起。施工完后，应多次浇水进行养护。

4. 路灯工程

（1）电线管、钢管敷设

预埋管要与土建施工密切配合，首先满足

图10 水系假山亭

图11 鱼水桥

水管的布置，其次按排电气配管位置。暗配管应沿最近线路敷设并减少弯曲，弯曲半径不应小于管外径的10倍，与建筑物表面的距离不应小于15mm，进入落地式配电箱管口应高出基础面50~80mm，进入盒、箱管口应高出基础面50~80mm，进入盒、箱管口宜高出内壁3~5mm。

（2）穿线

管内穿线应在建筑结构及土建施工作业完成后进行，先穿带线，用 ϕ 1.2~2.0mm铁丝，两端留10~15cm的余量，然后清扫管道、开关盒、插座盒等的泥土、灰尘。

穿线时注意同一交流回路的导线必须穿于同一管内，不同回路、不同电压和交流与直线的导线，不得穿入同一管内，但以下几种情况除外：标准电压为50V以下的回路；同一设备或同一流水作业线设备的电力回路和无特殊防干扰要求的控制回路；同一花灯的几个回路；同类照明的几个回路，但管内的导管总数不应多于8根。

导线预留长度：接线盒、开关盒、插座盒及灯头盒为15cm，配电箱内为箱体周长的

1/2。

（3）灯具安装

①灯具、光源按设计要求采用，所有灯具应有产品合格证，灯内配线严禁外露，灯具配件齐全。

②根据安装场所检查灯具（庭园灯）是否符合要求，检查灯内配线，灯具安装必须牢固，位置正确，整齐美观，接线正确无误。3kg以上的灯具，必须预镁吊钩或螺栓，低于2.4m灯具的金属外壳应做好接地。

③安装完毕，摇测各条支路的绝缘电阻合格后，方允许通电运行。通电后应仔细检查灯具的控制是否灵活，开关与灯具控制顺序是否相对应，如发现问题必须先断电，然后查找原因进行修复。

（4）照明配电箱安装

成套的和非标的动力照明配电箱均由生产厂提供，到货时按设计图纸和厂方产品技术文件核对其电器元件是否符合要求，并对双电源切换箱、动力配电箱、控制箱要作空载控制回路的动作试验，确认产品是否合格。嵌入式配电箱在土建施工时将套箱预埋在墙内，在穿线

前再安装配电箱，安装高度要符合设计要求。本工程接地方式为 TN—C—S 系统，所有动力照明配电箱应有零线汇流排间和接地端子，PE线安装应明显牢固。

三、工程的重点及难点

1. 雨季施工安排

针对本工程项目较多的特点，并考虑到有的项目受雨季影响较大的因素，在工期上综合多方面因素予以安排，如受雨季影响较大的路基工程的施工，大部分就安排旱季；对于低洼地段的基础开挖、淤泥的清运等项目施工，原则上都安排在无水的情况下进行。正在施工或已施工完的黏土表面上，雨季中若含水量已接近或超过塑性极限时，严禁运输机械行走，以免增加雨后排水晒干的难度。若已成泥泞土，用推土机将其推到一侧，使地面露出较干的土层，便于机械及早施工。

2. 地下管线及其他地上地下设施的保护加固措施

工程开工前，查明地下管线及设施的分布情况，在有地下管线和地上设施的部位覆盖2cm 厚的钢板。对已有的地上设施，在工程开工前，搭设双层钢管防护棚进行保护。严格按施工方案搭设脚手架，挂设安全网，做好施工洞口及临边的安全防护，防止施工过程中材料的坠落而造成对原有建筑设施的破坏。

四、新技术、新材料、新工艺的应用

1. 工程项目计划管理系列软件的应用

工程项目计划管理系统软件能方便地处理四种活动关系，灵活输出工程所需的横道图、单双代号网络图、资源及费用强度图等，并且具有动态控制、分级管理、资源均衡与有限双向优化功能、费用管理功能，它还有资源共享，多点操作的网络功能等。它的应用使项目管理工程师在制订计划、控制工程时更加得心应手。

2. 根外施肥技术的应用

叶面喷肥主要是通过叶面上的气孔和角质层进入叶片，而后运送到树体内，此方法简单易行，用肥量小且发挥作用快，可及时满足树木的需要。

3. 地下灌水系统的应用

用此法灌水不致水量流失或引起土壤板结，便于耕作，较地面灌水优越，可以大大节约用水量。

2018 中国园林古建筑精品工程项目集

店忠路（新合马路至环湖大道段）改建工程景观提升1标段

设计单位：安徽省交通规划设计研究总院股份有限公司
施工单位：皖建生态环境建设有限公司
工程地点：安徽省肥东县店忠路（新合马路至环湖大道）
开工时间：2017年2月4日
竣工时间：2017年6月1日
建设规模：299500m²
本文作者：孙　耢　皖建生态环境建设有限公司　项目经理
　　　　　方香林　皖建生态环境建设有限公司　副总经理

HISTORIC BUILDING GARDEN

店忠路（新合马路至环湖大道段）改建工程景观提升1标段项目，起点位于安徽省肥东县撮镇镇，终点止于长临河镇与环湖大道交叉口，总长度13.346km。由肥东县交通运输局投资建设，安徽省交通规划设计研究总院股份有限公司设计，合肥市工程建设监理有限公司现场监理，皖建生态环境建设有限公司施工（原

名称：安徽鑫苗园林景观建设有限公司）。合同内工程占地面积29.95万平方米，工程造价3036.60万元，于2017年2月4日开工建设，2017年6月1日竣工验收合格。

该工程主要建设内容为道路两侧22.5m（城镇段为25.5m）的景观绿化，包含绿化用地整理、种植土换填、地形塑造；乔灌木、地被、

图1　三月桃花竞妍

图2　春天万物生发

图3 盛开的波斯菊

图4 辅道秋色

图5 乔木林与木栈道浑然一体

图6 栈道岸边茂盛的白三叶

花草栽植；亲水平台、木栈道、景观桥、绿道、箱涵、停车场、驿站新建；智慧路灯全线覆盖以及雕塑景观石点缀等（图1～图20）。

一、项目理念

该工程景观提升按照将店忠路打造成一条贯穿肥东南部区域的生态、景观、旅游大道的定位，兼顾道路通行安全与沿线景观打造，注重点、线、面结合，处理好道路主干道、辅道以及道路绿线内慢性系统的绿化与色彩变化，同时与周边自然环境和谐融为一体。

图7 木栈桥景观

店忠路（新合马路至环湖大道段）作为肥东县县城与环巢湖大道唯一的连接线，施工方在栽植植物的选择上，以及绿化设计上用足了心思。为了不遮挡视线，选用了姿态轻盈的树种，同时穿插红枫、乌桕等彩叶树，点缀垂丝海棠、紫薇等花灌木，让绿化色彩更有层次感。

二、工程的重点及难点

通读施工图纸以及招投标清单，根据本工程特点并对现场充分熟悉以后，我司对会遇到的本工程施工过程中的工程技术难点、质量控制难点以及可能影响工程进度、安全和文明施工的不利因素进行了分析，并针对性地制定了预防措施和相应对策，以确保工程能按时保质完工。

1. 投入人力、机械较多

由于本项目工程量大，工期紧，因此，要求单位时间内投入的劳动力、周转材料和机械数量均较多，因此，需合理组织和调配。

在实际施工过程中，我司会根据现场实际情况，在常规施工的基础上，额外增加机械，并安排专职人员指挥机械班组，确保工程顺利推进。

2. 质量要求

本工程质量标准为合格，并争创市级"广玉兰杯"。为保证目标实现、确保施工质量，

图8 层次丰富的花镜景观

图9 沿水系的园路景观

图 10 主干道景观

图 11 主干道中间分隔带景观

图 12 主干道与辅道之间分隔栏

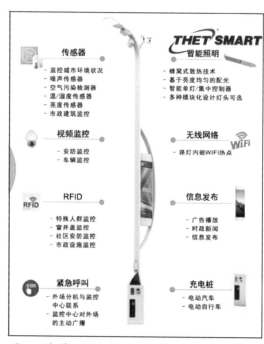
图 13 智慧路灯的应用

采取如下措施进行施工。

（1）所有材料从源头抓起，严格执行施工图纸及清单要求，所有材料需自检合格后方可进场。

（2）所有材料进场后，在监理单位的见证下，取样送实验室，待检测试验报告出具后，且为合格，方可投入使用。若试验不合格，主动清出场外。

（3）所有工序均严格按设计图纸以及相关质量验收规范进行施工，待当前工序施工完成，经监理工程师现场验收合格，并完成同步内页资料后，进行下一道工序。

（4）确保本工程一次性验收合格，创市级"广玉兰杯"。

3. 施工工期

本工程所涉及的协调工作以及拆迁工作是否顺利，将直接决定进度工期能否顺利实施。

现状是店忠路道路东西两侧均埋设有已经通气的燃气管道，且涉及深圳燃气与合肥燃气

图14 月光漫道白天吸收日光

图15 月光漫道夜晚发出迷人的光线

图16 由木栈桥通往辅道的阶梯景观

两家企业。其燃气管道埋深根据现状地形决定，覆土深度平均为1.0m。后续我司按图施工，对现状地形进行重新平衡塑造，将会导致燃气管道暴露地表。此项任务的协调甚为繁重，是否顺利解决将直接影响我司进度。

在我司施工图纸，另有30座涵洞接长分项工程。此类涵洞接长多数与燃气管道在同一标高，部分在燃气管道之下。管道交叉施工难度较大，其施工是否顺利亦直接影响工期。

另外施工绿线范围内涉及的拆迁任务繁重，有房屋、菜地、大棚、鸡舍等。需要拆迁的内容分布广泛、数量较大，能否顺利拆迁也将直接影响施工进度。

为确保工期，我司采取如下措施进行施工：

（1）在施工中以总工期为目标，以阶段控制计划为保证，采取动态管理，使施工组织科学化，合理化，确保阶段计划按期或提前完成。

（2）合理进行施工调度，避免窝工、停工、返工现象。

（3）对施工期长的项目要实行分期、分段编制进度计划的方法。

图17 公交站牌

三、新技术、新材料、新工艺的应用

该工程大胆创新，引入大量的高新技术，使得店忠路被誉为一条"智慧公路""呼吸公路"。

（1）路灯装有WiFi基站，可以免费登录合肥统一的i-hefei无线网，同时还安装有摄像

图 18　辅道景观（一）

图 19　辅道景观（二）

图 20　道桥景观

头，实现监控全覆盖，通过手机 APP，就能提前了解道路拥堵情况；

（2）智慧路灯的应用也是一大亮点，除"远程操控"功能外，路灯出故障了，也会自动报警；

（3）荧光材料路面的应用：白天里，夜光漫道吸收日光，晚上，这些存储下来的能量会慢慢发出迷人的光线，大约可以持续 8h，天越暗，荧光越明显；

（4）绿道使用透水混凝土铺设而成，运用海绵城市设计的理念，绿带范围内的雨水不需要通过单独的排水系统，可以直接通过园路进入地面径流。

该工程的建成，对提高道路等级，改善道路沿线出行环境，完善肥东县路网结构，促进长临河古镇旅游发展，构建环巢湖旅游对外交通运输体系，带动城乡一体化建设具有重要意义，并进一步提升了合肥东部新城的城市品位，成为提高人们生活质量、拉动旅游经济发展的重要发展轴，具有良好的带动和示范效应。

高平市炎帝陵景区碑廊等附属工程

设计单位：山西旭日海岳建设有限公司
施工单位：山西华夏营造建筑有限公司
工程地点：山西省高平市神农镇庄里村南（炎帝陵景区内）
开工时间：2015 年 12 月 25 日
竣工时间：2016 年 9 月 5 日
建设规模：963m²
本文作者：苟　建　山西华夏营造建筑有限公司 董事长、项目总负责人
　　　　　丁淑芳　山西华夏营造建筑有限公司 设计部技术骨干、本项目技术负责人

炎帝是中华民族的始祖，是中华第一大帝，是农业之神、医药之神，史称农皇。庄里村炎帝陵是炎黄子孙寻根问祖、谒陵扫墓的神圣之地，是中华第一陵。2014 年 5 月，在国台办、山西省委、省政府和高平市委、市政府的大力支持下，在以东莞台商子弟学校董事长叶宏灯先生等为代表的台湾各界人士的积极推动下，高平市围绕"打造炎帝故里，建设大美高平"的目标，启动了炎帝陵修复保护工程，以进一步挖掘弘扬炎帝文化，打造海内外华夏儿女寻根问祖的圣地。

炎帝陵修复保护工程项目由山西旭日海岳建设有限公司（2017 年 12 月更名为"山西华夏营造建筑有限公司"）承建，前后历时两年，总投资 2.5 亿元，总建设用地 160 余亩。为进一步丰富完善景区内建筑布局和功能需求，受神农文化旅游开发有限公司的委托，由山西旭日海岳建设有限公司继续承担景区内附属工程的建设工作。

一、工程概况

高平市炎帝陵景区碑廊等附属工程位于山西省高平市神农镇庄里村南（炎帝陵景区内），项目总占地面积 963m²，其中建筑面积 835m²。工程内容包括碑亭、碑廊、牌坊。

高平市炎帝陵景区碑廊等附属工程于 2015 年 12 月 25 日开工，2016 年 9 月 5 日竣工，工程竣工决算 1568.66 万元，2016 年 11 年 18 日，由北京英诺威建设工程管理有限公司完成验收。

图 1　炎帝陵俯视图

图 2　炎帝陵正殿

图 3　功德殿

二、主要施工内容

碑亭（图 6～图 18）：建造木结构碑亭，面阔三间，进深四椽，单檐歇山顶。在保护碑刻的基础上，丰富炎帝陵内建筑景观，同时展现中国建筑文化的发展。

碑廊（图 19～图 22）：随地势高差变化设计建造跌落式碑廊，碑廊内侧用于展现炎帝文化，同时将景区边缘的沟渠隔绝在外，保护游客的安全和景观完整。

牌坊（图 23、图 24）：在景区入口处设计建造牌坊，四柱三门石质牌坊，形成景区入口的标志，丰富景观的同时，使景区更加完整。

三、工程亮点

碑亭、碑廊和入口处牌坊虽为炎帝陵内附属建筑，但建筑本身外观端庄大气，内部结构

图 4　百草殿

图 5　炎帝陵碑龛

图 6　碑亭正立面

图 7　碑亭 45°视角

图 8　碑亭翼角

图 9　碑亭转角斗栱

复杂，施工难度大，均由古建筑专家荀建亲自主持设计建造，既是对中国传统建筑文化的深刻运用，同时扬长避短，对其中不合理之处进行了改良，是当代人对中国建筑文化的灵活运用，这三座建筑是古建学习者和古建爱好者寻访研究的对象。三座建筑具有以下独特之处：

第一，根据中国传统建筑法式所营造的建筑角科斗栱底端只有一个受力点——栌斗，屋面全部荷载均落到四个翼角，使得这一部位所受的压力特别大。如果角科栌斗材料不够密实，时间长了就会出现建筑角科斗栱及屋面翼角下栽现象，此类现象时有发生。为使碑亭的建筑结构保持长期稳定，避免类似情况发生，在设计建造时运用了"连珠斗"做法，由此扩大整个角上传递力的受力面。

第二，碑亭采用一种新工艺，即补间斗栱。整个建筑运用了四十八种"米"式斗栱构造技艺，但是和宋时期的"米"字形斗栱、60°斜出斗栱有所不同，它是双杪双下昂的结构，受力点多，可以使屋面的重量较为均匀地分散在斗栱承载的每一个部位，且不设传统的梁架构造，而是用斗栱的拼接和叉手，合理组成歇山顶建筑所需的构架，以此使得碑亭不仅达到可视范围的精巧美观，也达到了不可视范围内的科学稳定。

第三，碑亭内部不设梁架，取而代之的是斗栱后尾拼设成梁架的槫檩关系，后尾斜叉手与脊槫相连，将屋脊的重量斜向传递至斗栱昂后尾，使重昂形成杠杆预支能力，既保证了整体的稳定，又合理分散屋面的荷载。

第四，碑亭内上下双层藻井的造型是全国第二例，仅次于故宫太和殿。

第五，炎帝陵景区完工后，为进一步完善景区内使用功能，丰富景区内建筑景观，为游客提供休息、遮阳、文化展示的良好场所，设计建造了碑廊，该碑廊结合选址的地形地势，采取叠落式，将碑廊外侧暗沟隔离于景区之外，确保游客的人身安全，同时丰富了景区内人文景观。

四、主要施工技术与方法

1. 基础开挖

在本次附属工程建设中，首先要开挖基础。

开挖基础用到的机械及机具有：挖土机、推土机、铲运机、铁锹（尖头与平头两种）、手推车、小白线或20#铅丝和2m钢卷尺、坡度尺等。

开挖时注意事项：土方开挖前，应根据施工组织设计的要求，将施工区域内的地下、地

图10　碑亭连珠斗

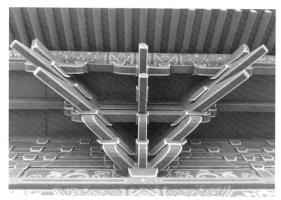

图11　补间双杪双下昂斗栱

图12　碑亭横向连珠斗 图13　碑亭双杪双下昂
组合关系　　　　　　斗栱

上障碍物清除和处理完毕。建筑物或构筑物的位置或场地的定位控制线（桩）标准水平桩及开槽的灰线尺寸，必须经过检验合格，并办完预检手续。夜间施工时，应有足够的照明设施。在危险地段应设置明显标志，并要合理安排开

2018中国园林古建筑精品工程项目集

图 14　碑亭补间铺作

图 15　碑亭斗栱彩绘

图 16　碑亭前檐椽飞

图 17　碑亭内部檩椽结构

考虑，以能发挥施工机械效率来确定，编好施工组织设计。施工区域运行路线的布置，应根据作业区域工作的大小机械性能、运距和地形起伏等情况加以确定。在机械施工无法作业的部位、整边坡坡度和清理均应配备人工进行。

2. 墙体砌筑

本次附属工程建设中涉及大量墙体砌筑工作。

砌筑墙体所需要的工具包括半截灰桶、小线、平尺板、铝水平尺、方尺、瓦刀、鸭嘴儿、铁锹、勾缝溜子、托灰板、水管子、线坠、盒尺、棕毛刷、扫帚、灰机、麻刀机、手推车。

选择材料时应注意：使用砖的品种、规格、质量必须符合设计要求或古建常规做法。所用

挖顺序，防止错挖或超挖。开挖有地下水位的基坑（槽）、管沟时，应根据当地工程地质资料，采取措施降低地下水位。一般要降至低于开挖面 0.5m，然后才能开挖。施工机械进入现场所经过的道路、桥梁和卸车设施等，应事先经过检查，必要时要有加固或加宽等准备工作。选择土方机械，应根据施工区域的地形与作业条件，土壤类别与厚度、总工程量和工期综合

灰浆的品种、配合比必须符合设计要求。当设计无明确规定时，应符合古建常规做法，宜使用白灰或月白灰，打点缝子用小麻刀深月白灰或老浆灰。砖应有出厂合格证明和试验检测报告。墙体砌筑时施白灰糯米混合灰浆，将糯米煮烂加入白灰膏中加拌均匀后施用，重量比为白灰膏：糯米 =100：30，白灰膏为提前淋好的陈白灰。

砌筑时所要求达到的作业条件包括：

①基底砖石构件安装完成，基层清理干净。

②砍磨加工砖的数量可以满足砌筑需要。

③灰浆已加工制作完成。

④墙面组砌方法已经确定。

砌筑墙体时施工步骤及具体做法为：

①弹线、样活：在基础面上弹出墙体线，按所采用的砖缝排列形式，把加工完的砖进行逐块试摆。

②拴线：按照弹线的位置挂上横平竖直的样标线，墙体两端拴挂的线称"拽线"，在两道拽线之间拴挂一道横线，称为"卧线"，即砌砖层的摆砖线。

③打灰条砌筑：一手拿砖、一手用瓦刀把砖的露明侧的棱上打上灰条，也可以在已经砌好的砖层外棱上也打上灰条，称为"锁口灰"。在朝里的棱上，打上两个小灰墩，称为"爪子灰"。砖的顶头缝的外棱处也应打上灰条，砖的大面的两侧既可以打灰条，也可以随意打上灰墩 (称为"板凳灰")。

④背里、填馅：随外皮淌白墙的砌筑同时砌好里皮的糙墙，里外皮之间的空隙要用碎砖砌实。

图 18　碑亭室内双层藻井

图 19　碑廊起点

图 20　碑廊整体

⑤灌浆、抹线：背里填馅后可以灌浆，要用白石灰浆或桃花浆，灌浆随砌筑高度每 5 层左右用麻刀灰抹线一次。

柔苑

2018 中国园林古建筑精品工程项目集

图 21 碑廊内部

图 22 碑廊转角处

⑥打点墙面：对砖缝过窄处用扁子作"开缝"处理。

⑦打点灰缝：用瓦刀、小木棍或钉子等顺砖缝镂划，然后用小鸭嘴儿将小麻刀深月白灰或老浆灰"喂"进砖缝，灰应与砖墙"喂"平，缝子打点完毕后，用短毛棕刷子沾少量清水（沾水后轻甩一下），顺砖缝刷一下，即打"水荏子"，随即用小鸭嘴儿将灰缝轧平轧实。

五、工程的重点及难点

炎帝陵规模宏大，建筑体量大，尤其是牌坊，跨度达 7m，构件为一个整体，其尺寸及体量可想而知，如此巨大的石材，通过加工雕刻，最后安装，在古代仅仅依靠人力完成，所需工期时间之久、其难度之大可想而知。为提高工作效率，采用现代雕刻工具和吊装工具，

图 23　石牌坊正立面

图 24　石牌坊背立面

在减轻工人工作强度的同时，提高了工作质量和操作水平。工程重点与难点主要表现在以下几个方面：

（1）牌坊石构件尺寸规格大，施工难度大：炎帝陵牌坊为砖石结构，且体量大，所需石材尺寸规格大，选购满足条件的石材是本次工程的一大难点，我们充分调动市场部人员利用各种渠道最终找到了适合本次工程的黄沙岩，该类石材色调柔和、大方，与炎帝陵整体环境风貌协调，该石材密度低，便于加工雕刻，但强度较差，对此，从以下几方面保证石构件的安装质量：

①置于工厂内加工，减少现场加工对环境的污染。

②石牌坊跨度达15m，为增强石材的横跨韧性、防止断裂，内置铁扒锯。

③为确保石材完好顺利吊装，使用吊装机，并选派了技术熟练的司机。

（2）碑廊施工场地狭窄，施工难度较大：炎帝陵碑廊位于景区东侧，整体地势呈阶梯式抬升，且外侧为沟渠，因景区内已竣工，无法为该工程提供足够的场地，致使碑廊工程中施工场地狭窄，从以下几方面着手解决施工场地狭窄这一问题：

①在开工前已选派了经验丰富的施工管理人员深入现场进行仔细勘察，熟悉周边环境情况。

②拟定了多种施工场地布置方案，经比较论证后，选择了其中最科学合理的方案，以减少施工用地面积。

③冬季施工，防治低温冻害也是工程难点之一。

（3）为保证第二年春季海峡两岸共同祭祖大典活动的如期开展，该工程必须面临冬季施工这一难题，混凝土在冬季受低温冻融的影响，凝结性能降低，而该项目所在地空旷，冬季多大风，且最低温度达 $-8℃$ ，且前后持续7d，这种天气情况极不利于混凝土的凝固，而推迟施工又无法保证如期交付使用。为克服这一难题，我公司组织专家进行研讨，在多方论证的同时坚持试验先行。

①混凝土工程：混凝土在凝结过程中如受到低温侵袭，水泥的水化作用受到阻碍，其中游离水分开始结冰，体积增大9%，有使混凝土冻裂而严重影响混凝土质量的危险；混凝土初

期受冻后再置于常温下养护，其强度虽仍能增长，但已不能恢复到未遭冻害的水平；而且遭冻愈早，后期强度的恢复就愈困难。为避免混凝土受冻或干裂，参考现代做法，在墙内增加了增强剂和防冻剂，通过局部试验可行后，最后大面积使用。

②抹灰工程：为保证抹灰工程在冬季照常作业，使用冷做法，即在不作加热保温的状态下，用掺有抗冻剂的砂浆进行。冬季抹灰必须待建筑物已沉降稳定，砌体强度已达到设计强度的 20% 以上，混凝土强度达到 40% 以上时才能进行，以免日后抹灰层开裂剥落。

（4）做好安全工作是工程永恒的重点：建筑工程是事故风险较高的行业，我公司为此制定了一系列确保安全的措施。建立安全责任制，落实责任人。在各作业班组进入工地后正式作业前，项目部必须对班组职工进行"三级安全教育"并建立教育记录档卡。项目部必须同各作业班组长和职工签订安全生产责任合同，有针对性地进行书面安全技术交底，交底双方必须履行签字手续。每天上班前，各作业班组长必须对本班组职工进行全面而有针对性

的安全教育活动，主要强调当天作业的安全注意事项，检查职工的安全防护用品佩带情况，观察和了解职工当天的情绪和心理状态。对施工机械、机具，在投入正常运行前，必须进行二查：一查其安装是否正确，是否有安全防护装置和安全保护措施；二查其性能是否正常，按先检修后运行的操作程序操作，特别是容易发生事故隐患的机械，必须在班前进行检修、检查其安全状态，发现事故隐患应立即停机维修，修好试机正常后在使用。凡班前酗酒者，一律不准进入施工现场；凡是不具备上岗作业条件者，一律不得上岗作业。项目部班前安全活动必须有书面记录，由项目安全员签字确认，企业安全管理科进行监督检查。

（5）坚持绿色施工：绿色施工不但可以降低施工成本，也是可持续发展思想在工程施工中的应用体现，是绿色施工技术的综合应用。绿色施工技术并不是独立于传统施工技术的全新技术，而是用"可持续"的眼光对传统施工技术的重新审视，是符合可持续发展战略的施工技术。项目部人员认真领会绿色施工精神，在施工中自上而下，积极主动保护环境和生态，节约能源和资源，与周边居民和谐发展。

泰兴市庆云禅寺大雄宝殿工程

设计单位：杭州园林风景建筑设计院
施工单位：常熟古建园林股份有限公司
工程地点：泰兴市鼓楼西路庆云禅寺内
开工时间：2013 年 12 月 24 日
竣工时间：2015 年 9 月 25 日
建设规模：1179m²
本文作者：邵福进　常熟古建园林股份有限公司　项目总负责人
　　　　　宗光杰　常熟古建园林股份有限公司　项目技术负责人

江苏省泰兴市庆云禅寺，始建于北宋咸平二年。其中大雄宝殿为庆云禅寺整座寺院的核心建筑，属佛教文化仿古建筑、室内供奉三世佛、十八罗汉及观音、文殊、普贤佛像，是僧众朝暮集中修持的地方（图1）。

一、工程概况

泰兴市庆云禅寺大雄宝殿工程由常熟古建园林股份有限公司承建，江苏福宇园林建设有限公司参建（屋面瓦作及油漆），工程建筑面积为 1179.3m²，单层重檐庑殿琉璃瓦四坡屋顶，主体为框架结构，基础采用钻孔灌注桩和独立桩承台并由基础地梁连为一体，合同价款 1121.5 万元。工程于 2013 年 12 月 19 日举行开工典礼，2014 年 12 月 15 日通过优质结构

验收，2015 年 9 月顺利竣工，于 2015 年 9 月 25 日通过竣工验收（图2）。

建筑耐火等级为二级，室内外装修为木质斗栱、木梁、棋盘格吊顶，中间设藻井。木结构做防火处理，油漆为广漆（即国漆）。安装工程包含建筑消防工程、建筑电气工程等两个分部及多个子分部。

图 1　大雄宝殿正立面

二、工程亮点

1.抓质量，守规范

本工程属仿唐宋风格的佛教仿古建筑工程，施工时遵循《建筑工程施工质量验收统一标准》（GB 50300—2013）、《古建筑修建工程施工质量与验收规范》（JGJ 159—2008），安装工程符合相关安装规范。

2.守匠心，重传承

本工程室内藻井、天花分别参照浙江宁波保国寺、大慈恩寺的内部木作做法，需要对原有做法进行研究、参透，以确保本建筑内部木结构的顺利实施（图3~图5）。

混凝土柱梁、木梁等构件做广漆，传统工艺施工要求高，需加强对操作程序的质量控制，确保工程质量达到验收规范要求。

3.懂工艺，勇创新

主体为钢筋混凝土框架与传统木结构的结合，施工工艺、节点构造复杂，螺栓预埋、超高模板支撑（净高20m）搭设、框架梁截面及跨度较大，为确保工程施工安全，编制专项方案，组织专家论证，多次分段浇筑，确保架体稳定。

本工程建筑檐口翼角部位为现浇钢筋混凝土结构，檐口椽子为木构件，采用木椽安装与混凝土翼角一次成型的施工方法，保证檐口的翘曲符合古建筑的要求。

图2　铜佛像泥金、贴金

图3　香樟木藻井

图4　北侧檐廊混凝土圆柱（圆度准确，油漆光洁无色差）

图5　三大士佛像彩绘

三、新技术的应用

本工程技术含量高，施工中推广应用了"建筑业十项新技术"中的 6 项、13 个子项，自主创新技术一项，这一技术已经在建筑领域有关杂志上发表，并多次在类似的古建筑工程上推广应用，是一项集成的自主创新成果（表1）。

表 1 新技术应用一览

序号	新技术名称	子项名称
一	混凝土技术	1. 混凝土裂缝防治技术； 2. 清水混凝土技术
二	钢筋及预应力技术	3. 高强钢筋（HRB400 级）应用技术； 4. 钢筋直螺纹连接技术
三	模板及脚手架应用技术	5. 清水混凝土模板技术； 6. 定型模板应用技术
四	机电安装工程技术	7. 给水管道卡压连接技术； 8. 管线布置综合平衡技术； 9. 热缩电缆头制作技术
五	绿色施工技术	10. 预拌砂浆； 11. 新型墙体材料应用技术及施工技术；
六	信息化应用技术	12. 品茗 BIM、网络计划软件应用； 13. 塔式起重机安全监控管理系统应用技术
七	自主创新技术	14. 现浇屋面板下反吊木椽的一次成型工法

泰兴庆云寺大雄宝殿采用"仿古建筑木椽望板混凝土屋面一次成型施工工法"，该工法是常熟古建园林股份有限公司通过技术攻关和多个工程实践研发的自主创新技术。该工法以混凝土结构体系替代木结构体系，以传统木结构施工技术与现代混凝土施工技术良好结合，使仿古建筑屋面木椽望板和混凝土屋面结构一次成型，节约大量木材，保证仿古建筑的造型效果，减少施工工序，提高施工效率和作业安全性，缩短施工工期，其经济、社会和环保效益显著。

四、主要施工技术与方法

1. 地基与基础工程

本工程建筑场地类别为 I 类，单桩承载力特征值 $Ra \geq 550\text{kN}$，桩端进入 4 层粉砂层。工程采用桩基础（包含独立桩承台）（图6）。经沉降变形观测，建筑物基础沉降较均匀、平稳，已进入稳定阶段。

图 6 桩承台（混凝土色泽一致、棱角完整）

图 7 一层有梁板钢筋绑扎

2018 中国园林古建筑精品工程项目集

图 8　戗角悬挑处钢筋
绑扎节点

图 9　混凝土圆柱成型
（定型圆柱模板）

图 10　坡屋面混凝土施工

2.主体结构工程

该工程主体结构为钢筋混凝土框架结构，通过对钢筋、模板、混凝土各分项工程施工全过程严格的质量控制，有效保证了结构内坚外美、安全可靠，无影响主体结构安全的变形及裂缝现象出现（图7~图10）。

3.装饰装修工程

木装修主要为传统木结构体系与现代建筑有机结合，有斗栱、木梁枋、棋盘格吊顶、藻井，由古建专家进行施工翻样，下料制作（图11~图19）。

青石地面，运用CAD辅助设计优化，排

图 11　装饰斗栱

图12　南侧檐廊

图14　檐口反吊木橡装饰

图15　外廊装饰吊顶

图13　室内棋盘格吊顶

图16　北侧檐廊将军门包铜皮

图17　将军门设浇铸铜钉、铺首

版定制，施工细腻。表面平整光洁，采取镜面处理，周边顺直、镶嵌正确，无色差、无空鼓，缝隙均匀，平整度最大偏差1mm。室内踢脚线表面洁净、高度和出墙厚度一致，粘结牢固、无空鼓。

2018中国园林古建筑精品工程项目集

图18 青石莲花柱础

图19 汉白玉须弥座

木质将军门，表面双面包铜皮，色泽均匀，纹理清晰，安装牢固，缝隙均匀一致，五金配件安装细致，门扇开启灵活，符合规范要求。

4. 防水工程

仿唐式琉璃瓦屋面，防水等级 I 级，结构混凝土自然找坡，上陡下缓，坡度采用"最速降线"。采用 2mm 厚 APF 双面自贴卷材和现浇混凝土结构自防水，瓦垄顺直；卷材铺贴平整顺直，搭接宽度符合要求。整个屋面排水组织合理，坡度准确，无积水。屋面防水施工完成后经雨期观察及两年来使用无渗漏。

5. 建筑消防、电气照明工程

本工程给排水包括消火栓给水系统，管道及消火栓位置布局合理。消火栓给水水源由大

图20 御道浮雕

殿东面和西面引入两根 DN100 消防管道，消防管网从架空层内呈环状布置。工程配电室电源采用寺庙总配电房由室外电缆沟引进架空层总配电箱。本工程属二类防雷接地，采用强电、弱电共用接地体。

工程备注

2016 年 8 月，该项目获得泰州市"梅兰杯"优质工程奖

2016 年 12 月，该项目获得江苏省"扬子杯"优质工程奖

商务印书馆良户乡村阅读中心修缮建设工程

设计单位：平遥县今朝园林设计院有限公司
施工单位：山西华夏营造建筑有限公司
工程地点：山西省高平市良户村
开工时间：2016 年 10 月 16 日
竣工时间：2017 年 4 月 11 日
建设规模：1153m²
本文作者：荀　建　山西华夏营造建筑有限公司 董事长、本项目总负责人
　　　　　张宇羚　山西华夏营造建筑有限公司 企划处处长、本项目技术负责人

据良户村内碑刻记载，良户书院创建于明代，原为侍郎府东宅院，规模较小，院内建筑具有明显的明代晋东南地区古民居建筑特色。附属于建筑之上的石雕、木雕、砖雕等构件雕刻精美，具有较高的艺术价值。建筑主体结构保存尚好，但因长期的风雨侵蚀和年久失修等原因，院内建筑屋面漏雨严重，木基层变形塌陷，柱子糟朽较严重等，建筑内部因长期空置，杂乱不堪，院面铺装破碎，排水不畅等问题严重影响着这些历史建筑的长久保存。

为促进全民阅读，推动建设学习型社会，丰富广大城乡人民群众的精神文化生活，山西华夏营造建筑有限公司受山西高平神农炎帝文化旅游开发有限公司委托，建设商务印书馆良户乡村阅读中心良户书院。山西华夏营造建筑有限公司主要承担了图书馆内部装饰装修、环境绿化美化等工作。经过为期半年的紧张施工，

该项目圆满竣工，竣工后的良户书院受到社会各界的一致好评，现已投入使用，并陆续开展了多种形式的系列活动，吸引各地民众慕名前来观赏，成为附近村民的阅读场所。

一、工程概况

商务印书馆良户乡村阅读中心修缮建设工

图 1　良户书院匾额

程位于山西省高平市良户村，项目总占地面积 1153m^2，其中建筑面积 851.88m^2。工程内容包括书院建筑修复、建筑内部装饰装修和环境的绿化美化，其中装饰装修内容包括古建筑保护修缮、室内装饰陈设等。如图 1～图 18 所示。

商务印书馆良户乡村阅读中心修缮建设工程于 2016 年 10 月 16 日开工，2017 年 4 月 11 日竣工，工程竣工决算 457.16 万元，2017 年 5 年 3 日，由北京英诺威建设工程管理有限公司完成验收。

二、工程亮点

商务印书馆良户乡村阅读中心修缮建设工程的亮点主要体现于：

（1）创新性地赋予长期空置的历史建筑新的使用功能，使其重新获得生命力。

我国历史悠久，地域宽广，保存至今的古建筑数不胜数，虽国家多次组织人力物力进行文物普查，但仍有大量历史建筑尚未公布为保护单位，游离于国家保护范围之外，因古建筑保护需耗费大量资金，而民间保护力量明显薄弱，同时这些建筑的长期空置更加剧了它的残损。本次工程突破性地对长久以来空置的历史建筑赋予了新的功能，使其重新获得使用价值，再次进入人们的生活和视野，极大地提高了广大民众的文物保护意识，是传统建筑科学保护利用的一次大胆尝试，具有很强的示范性，值得在全国范围内推广。

（2）新中式装修风格与传统建筑外观的完美结合，为传统建筑内部装饰提供了有益的

图 2 良户书院大门

图 3 良户书院主入口

图 4 良户书院入口近景

参考。

我国有大量传统建筑因失去其原有使用功能而长期空置，建筑内部杂乱，得不到很好利用，形成资源浪费，空置的建筑也不利于形成长久有效的保护机制。本次工程在对建筑进行

维修后，对建筑内部结合使用功能和建筑外观进行现代化装饰，整体上采用新中式装修风格，与建筑外观实现完美融合的同时，使建筑实现了时空内外的对接，是当代对传统建筑再利用装饰装修的有益探索。

三、主要施工技术与方法

参考近年来当地类似工程的施工做法，并吸取其中的经验，在具体施工过程中，仔细查阅了相关的施工手册、规范、标准，严格按照这些规章中的要求进行，商务印书馆良户乡村阅读中心修缮建设工程的重要施工技术包括以下几方面内容：

1. 砌筑基础工程做法说明

基础下沉是导致建筑结构安全发生险情的重要因素之一，为保证基础稳定性，采用如下措施：

（1）毛石的强度必须达到 MU30 以上，且成块状，中部厚度不宜小于 15cm，尽量选用平毛石，少用乱毛石，不得使用表面有剥落、风化、裂纹的石块。

（2）采用坐浆法，砂浆的稠度应为 3cm，毛石基础用强度等级不低于 MU30 的毛石、不低于 M5 的砂浆砌筑而成。为保证砌筑质量，毛石基础每台阶高度和基础的宽度不宜小于 400mm，每阶两边各伸出宽度不宜大于 200mm。石块应错缝搭砌，缝内砂浆应饱满，且每步台阶不应少于两匹毛石，石块上下皮竖缝必须错开（不少于 10cm，角石不少于 15cm），做到丁顺交错排列。

图 5　偏门

2. 砌筑台明工程做法说明

确定标高，安装阶石，重新砌筑台阶、垂带等，石构件归安后要做好防护、防风化等措施。台明各部位做法如下：

（1）阶石安装

①阶石安装放线，以门口为中心线，作为台阶放线的标准。上平按室内地平，下平按室外地平。

②依据上、下平之间的垂直高度分出每层阶石的高度。先定出第一步阶石的标准位置，标立水平桩，挂线，找出根据石。

③阶石底层四角垫平，经检查无误后，在于四角充垫四码山，空隙地方用砖头填塞，留好出浆口。

④安装时，稳抬稳放，不得震动已经安装好的阶石，为保护阶石的棱角，可加垫软层。

⑤第二层往上，每阶层按设计规格加打大底，逐级做好接头，顶层还要打好拼缝。

⑥用水泥砂浆灌砌石活。

⑦台阶与台帮安装时，要注意预制"泛水"，以利排水。

⑧质量要求，石活安装完成后，整体要稳，头、缝需顺直，大面要平，拼缝要齐，缝宽应

2018 中国园林古建筑精品工程项目集

图6 侍郎府石牌坊

当与设计要求保持一致。

（2）斗板安装

①从台基四角做起，将抱角石稳好，按墙面拉线顺直，再用钢尺测定长度，以此作为分块大小及块与块之间规定缝隙的依据。

②将石块排列妥当，确定石块规格，做接头打拼缝。

③稳装前，检查基础是否安全，石块与墙面的连接，应符合结构设计的做法。稳装前做好斜撑，以防石料因灌浆挤压而活动走迹。灌浆时，不宜一次灌满，最少不低于三次。每次灌浆需等到凝固后在进行第二次，但要饱满，插捣要严密。

3. 铺墁地面工程做法说明

重新补配石板，铺墁地面。

图7 侍郎府石牌楼侧视图

地面铺墁做法：土分两步夯实后（厚300mm），掺灰泥坐底，之后用260mm×130mm×60mm条砖顺面阔方向十字错缝铺墁室内地面。

4.砌筑墙体工程做法说明

按原墙灰皮材料、厚度、层次、比例重新砌筑墙体。由上而下拆除原墙体，拆下的有价值石砌体码放整齐入库保存。所获得的相关资料注意留档存查。新砌墙基础必须位于冻土线以下（自然地平线以下1.1～1.2m）。

墙体工程做法：周檐墙体衬里用红机砖水泥砂浆砌筑，外壁采用手工青砖、白灰膏贴砌，并与砌体以八层砖为间距施丁砖一层拉结，内壁沙灰楦底找平，之后做乳胶漆墙面。

5.制安木构架工程做法说明

依据现存残损实物重新制作和安装各类木构件，包括柱、梁、檩、枋、椽子、连檐、瓦口、望板、翼角各构件及斗栱等。对所有新制构件进行顺色、断白、做旧、防腐处理。

（1）选料

大木构件额枋、梁、柱等主要构件，可选用东北落叶松一等材加工制作，含水率不得大于15%；连接枋、瓜柱、角背、叉手选用当地产硬杂木，如榆木、槐木等，其含水率应小于18%；椽子、飞椽采用东北落叶松加工制作，含水率应小于20%；乱搭头做法，望板采用1cm厚落叶松制安柳叶缝横铺，单体建筑所有装修之抱框、棂条等采用东北落叶松制作，所有木构件均应使用生桐油钻生两遍，做好防腐处理。

图8 侍郎府随墙影壁

图9 侍郎府偏院砖雕影壁

（2）木构件加工

柱、梁、檩、枋、椽子、连檐、瓦口、望板、翼角各构件以及斗栱等木构件，依据不同位置按设计规格和做法进行制作，制作时严格按照放线、砍刮、刨光、榫卯制作的步骤进行。

施工前，操作人员必须熟悉设计要求及古建传统做法，根据设计尺寸排出总、分丈杆，角梁、檩等部位应做出足尺样板，经校核无误后方可下料操作。同时，应对材料、工具进行检查，设计对材料有特殊要求应符合设计要求。现场加工制作宜在专用加工棚内进行，各种机具防护装置必须齐全有效，电动机具要有专人

2018中国园林古建筑精品工程项目集

图10 东偏院内影壁

图11 昌明厅

负责，符合安全生产的有关规定。构件加工完毕后应在平整场地依安装次序分类用垫木码放整齐，并用防雨材料遮盖严密，防止日晒雨淋或积水浸泡。工作现场严禁吸烟，严禁明火作业。消防器具必须配备齐全，符合消防保卫工作的有关规定。每日工作完毕后应及时清扫刨花、锛渣、锯沫等废料杂物，并集运到指定地点。

（3）木构件安装

施工准备：

①根据建筑体量大小及复杂程度，制订详尽可能的立架方案。

②全面周密地检查校核各构件数量、尺寸、编号、榫卯情况及台基柱顶石的水平和位置。

③适当配备组织木工、架子工、起重工及辅助工，做到分工把口，专人负责。施工前应进行详细的技术、安全交底。

④备好杉槁、戗杆、扎绑绳、小连绳、缥棍、大锤、撬棍、线杆、小线、线坠及常用工具。准备好吊装机械、钢丝绳、白综绳、铁滑车、卡环、支撑、板钩、铁扁担、千斤顶、倒链、撬棍、经纬仪、水准仪、水平尺、塔尺、靠尺板等机械工具。

主要工序：

①支搭大木脚手架。

②从明间开始戳立柱子，绑临时戗杆，再依次立好次间柱子，安装柱头枋、穿插枋。

③下架立齐后，验核尺寸，进行"草拨"，并掩上"卡口"，固定节点。然后支好迎门戗、龙门戗、野戗及柱间横、纵向拉杆。

④按先下后上的次序，安装梁、板、枋、檩、瓜柱、角梁等各部构件。安装时要勤校勤量，中中相对，高低进出一致。

⑤吊直拨正，加固戗杆，堵严涨眼。钉好檩间拉杆及角梁钉。

⑥立架完毕后，要在野戗根部打上撞板、木楔，并用灰泥糊好标记，以便随时检查下脚是否发生移动。

筑苑

商务印书馆良户乡村阅读中心修缮建设工程

⑦戗（翼）角及椽望安装：按照设计图纸将椽档分好，依次钉好翘飞椽，盘头、擦楞，最后安闸挡板，钉飞椽望板及压尾望板。

注意事项：

①"对号入座"，必须按照制作汇榫时的编号安装。

②脚手架要符合安全要求，应设专人进行检查，每日作好安全检查记录。所有支撑必须在瓦作完成后方可撤去。

③结构吊装使用的机具，必须经检查后方可使用。吊运材料所用索具必须良好，绑扎要牢固。整个吊运过程中应有专人统一指挥。

6. 屋面工程做法说明

（1）依据现存残损实物重新制安望板，望板厚25mm，宽不小于220mm，上下柳叶缝搭接，左右错缝铺钉，望板安装并进行防腐处理。按原制重新制作连檐、瓦口，博缝板、悬鱼、惹草、对接榫卯、拉接铁活。

（2）望板之上苫背层做法：

①抹护板灰，灰厚15mm(白灰：青灰：麻=100：8：3)。

②掺灰泥，平均厚度80mm（白灰：黄土=3：100，白灰掺麦秸6kg）

③青灰背（煮浆灰：麻刀=100：5），抹厚1~2cm。

（3）捉节夹陇：煮灰浆：麻刀=100：（3~5），加适量松烟。

（4）屋面瓦瓦：依现存形制及瓦件规格重新瓦瓦。制安各类瓦件、重修瓦顶。瓦垄及瓦面形制保持现状。提前做必要的质量检查，做到敲击声音清脆，外观无缺陷。新板瓦使用

图12　国学堂

图13　良户书院东偏院内环境

前必须将其放入白灰池中浸泡，使其砂眼渗堵。瓦瓦做法如下：

①先瓦瓦后调脊，清洗底、盖瓦，采用3：7灰泥瓦瓦。首先根据屋面和瓦的尺寸大小进行分中号垄，屋面分垄必须正确。

②根据分中号垄进行冲垄。根据屋面面积大小而定冲垄数。先冲边垄，拴好"齐头线""楞线"和"檐口线"，再冲屋面中间的瓦垄。要求屋面所冲的垄曲线平滑、均匀一致。采用传统掺灰泥瓦瓦。冲垄、瓦瓦，底瓦必须保证三搭头。盖瓦满沾月白浆、底瓦满沾白灰浆。

③底盖瓦的瓦脸灰、捉节灰应饱满不得有

图 14　收藏品展览区

图 15　一层室内

脱落和洞眼。盖瓦夹垄灰分二次进行要密实、光滑、直顺，应符合古建操作要求。屋面完成后瓦件清扫干净，各条脊和瓦面刷浆色泽应均匀一致。

（5）调脊：垂脊自下而上依次垒砌，各层下砌后用麻刀灰和瓦片分层填平。其上各层脊、兽件坐灰和碰头灰要足。头缝填馅须平整。脊兽桩钉牢，吻兽位置准确周正平稳。各条脊均要平直顺向，各构件接口平整、严实，角度高低一致。调正脊要挂通直线。安正吻前安好吻桩子，涂好防腐涂料，吻内用灰泥装满，垒

砌牢固。

（6）安装脊饰：依据现存残损实物形制安屋面脊饰。

7. 油饰的工程做法说明

对新构件考虑到对木材保护，根据现存的油饰做法进行油饰。

（1）将木料表面用小斧子砍出斧迹，使油灰与木表面易于衔接，方能牢固。如遇旧活应将旧灰皮全部砍挠去掉，至见木纹为止。在砍挠过程中应横着木纹来砍，不得斜砍，损伤木骨，然后用挠子挠净，名为"砍净挠白"。旧地仗脱落部分，因年久木件上挂有水锈，也要砍净挠白，方可做灰。木件翘岔处应钉牢或去掉。

（2）用铲刀将木缝撕成 V 字形，并将树脂、油迹、灰尘清理干净，便于油灰粘牢。大缝者应下竹钉、竹扁，或以木条嵌牢，名曰"楦缝"。

（3）如木料表面潮湿，木缝易于缩涨，会将捉缝灰挤出，影响工程质量，故缝内下竹钉、竹扁，可防止缩涨。竹钉尖要削成宝剑头形，其长短粗细，要根据木缝宽窄而定。竹钉下法，应由缝的两端向中一起下击，以防力量不均而脱落。钉距约 15cm，两钉之间再下竹扁，确保工程质量。下竹钉是古建油漆传统做法。今以木条代之。

（4）木料虽经砍挠打扫，但缝内尘土很难清净，故汁油浆一道，以油满：血料：水 =1：1：20 调成均匀油浆，不宜过稠，用糊刷将木作全部刷到（缝内也要刷到），使油灰与木件更加斜街牢固。

筑苑　商务印书馆良户乡村阅读中心修缮建设工程

图16　读者阅读区

（5）油浆干后，用扫帚将表面打扫干净，以捉缝灰用铁板向缝内捉之（横掖竖划）使缝内油灰饱满，切记蒙头灰（就是缝内无灰，缝外有灰，叫蒙头灰）如遇铁箍，必须紧箍落实，并将铁锈除净，再分层填灰，不可一次填平。木件有缺陷者，再以铁板衬平借圆，满刮靠骨灰一道。如有缺楞少角者，应照原样衬齐。线口鞅角处需贴齐。干后，用金刚石或缸瓦片磨之，并以铲刀修理整齐，以笤帚扫净，以水布掸之，去其浮灰。

（6）扫荡灰又名通灰，做在捉缝灰上面，须衬平刮直，一人用皮子在前面抹灰（名为插灰），一人以板子刮平直圆（名为过板子），

另一人以铁板打找捡灰（名为捡灰），干后用金刚石或缸瓦片磨去飞翅及浮籽，再以笤帚打扫，用水布掸净。

（7）扫荡灰干后以金刚石或缸瓦片磨之，要精心细磨，以笤帚打扫，以水布掸净，以铁板满刮靠骨灰一道，不宜过厚。如有线脚者，再以中灰扎线。

（8）中灰干后用金刚石或缸瓦片将板迹接头磨平，以笤帚打扫，以水布掸净，再汁水浆一道（净水），用铁板将鞅角、边框、框口、线口以及下不去皮子的地方，均应详细找齐。干后再以同样材料用铁板、板子、皮子满上细灰一道（平面用铁板，大面用板子，圆者用皮子），厚度不超过2mm，接头要平整，如有线脚者再以细灰扎线。

（9）磨细钻生，细灰干后，以细金刚石或停泥砖精心细磨至断斑（全部磨去一层皮为断斑），要求平者要平、直者要直、圆者要圆。以丝头蘸生桐油，跟着磨细灰的后面随磨随钻，同时修理线脚及找补生油（柱子要一次磨完，一次钻完），油必须钻透（所谓钻透者就是浸透细灰），干后呈黑褐色，以防出现"鸡爪纹"现象（表面小龟裂），浮油用麻头擦净，以防"挂甲"（浮油如不擦净，干后有油迹名为挂甲）。全部干透后，用盆片或砂纸精心细磨，不可遗漏，然后打扫干净。

8. 院面、排水工程做法说明

为及时有效排除寺内雨水及生活污水，结合院面整治工程合理调整院面坡度，实现有组织排水，本次工程排水方式为明排。此外，还

图 17　阅览室

需指定专职管理员定期疏通排水渠。

9. 绿化美化工程

（1）挖塘：按照各种苗木生长习性进行挖塘，挖塘深度与塘面址径略大于土球的直径和深度，达到种植要求。

（2）换土：对不适合苗木生长土壤进行更换，征得监理工程师同意后把运来的新土堆至塘边，清除原有塘里的杂土。

（3）施基肥：根据苗木品种规格，生长特性，采用国产 25% 含量的氮、磷、钾复合肥作为基肥，每株 30 ～ 50g 拌匀填土。

（4）落塘：苗木落塘时，坑穴底根据需要，培置 150mm 熟土，有利于栽植后的生长，并对泥球进行检查，如遇有稻草、蛇皮袋材料包装的土球，必须及时清除，确保土壤与土球吻合，落塘深度一般低于地面 3 ～ 5cm。

（5）扶正：根据规划的要求，要确保苗木竖直，也就是苗木梢部与基部垂直。

（6）回土：在回土过程中，回一层夯实一层，层层土壤达到密实，以使定植后树木根系与土壤结合良好。不致受外因摇动而影响成活，夯实标准，以脚踏无明显凹陷为准。

（7）浇水：树木栽下后应立即浇足定根水，以满足树木生长的水分需要，在浇水之前，大、中株苗木必须筑好水堰，水堰大小根据挖塘的大小而定，一般略大于塘的直径，第一次浇水采取逐步浇的方法，直到浇透为止。

（8）扶正、培土：第一次浇后，发现土壤不实时，树木歪倒，进行扶正、培土夯实，然后进行第二次浇水。

（9）整形：上述工作结束后，进行整形修剪，根据各种苗木的生长特性，主要采取下述方法。

①短截：剪去枝条的一部分，保留枝条一定长度和一定数量的芽，对枝条有一定的刺激作用，促进分枝增加生长量，确保树形效果。

②疏枝：将树冠中间的过密枝条按影响匀称的要求从基部剪除，使枝条密度减小，树冠透风透光，减少水分蒸发，某些也可采取疏叶的办法来完成。

（10）苗木支撑：胸径 10cm 以上的常绿树、带叶的落叶树及树冠较大的树木在栽植后，为避免因风等外因的影响倾斜，用杉木四脚桩的方法进行支撑，且杉木桩直径大于 6cm，主要程序有以下几点。

图18 正在阅读的孩子

①制桩：制桩的长度根据树冠的大小而定，长度一般支撑于树高的2/3处为宜，短桩根据土壤密集度而定，一般长50～100cm为宜。

②打桩：打桩的深度一般是40～80cm为宜，在打桩时要保持短桩向外一定的倾斜。

③绑扎：在绑扎前，先要用棉布或草绳等材料作为隔物裹住树干，防止铁丝或支撑物损伤树皮，绑扎时一定要扎紧以防晃动。

（11）清理：上述工作结束后，把栽植过程中遗留下来的杂物清除出施工场地，保持场地清洁。

10. 地被植物的种植工程

（1）翻土整地：对草坪地被植物铺种场地，进行土壤深翻清除杂物，并且进行局部场

地的平整工作，在深翻平整的基础上认真地进行细耙，使土壤呈颗粒状。

（2）松土：对表土以下20cm的土壤进行粉碎细耙，保证土质良好的疏松场地平整，并喷除草剂。

（3）施基肥：按每亩100kg的氮、磷、钾复合肥用量进行施肥，洒水地面，然后进行细耙，从而与10cm内土壤混合均匀。

（4）地被植物栽植：采用直接移栽铺设法，栽植时逐步压实，使植物与土壤很好地结合起来。草坪块与块之间的空隙填土后压实。

（5）浇水：第一次浇水逐步渗透，浇透，草坪在3d后再次滚压几次，保证草坪完全平整，再进行第二浇水，并在发芽生根期保持正常的湿度，有利于地被植物生长。

（6）清理：上述工作结束后，把栽植过程中遗留下来的杂物清除出施工场地，保持场地清洁。

四、工程的重点及难点

1. 历史建筑新旧关系的处理

本工程对象虽尚未公布为文物保护单位，但这些建筑仍具有一定的历史价值、科学价值、艺术价值和社会文化价值，应当通过科学的施工措施来保存这些建筑承载的重要信息和价值。因此本次施工中我们严格遵循设计单位的施工要求，从材料的选择到具体的施工过程，都严格执行设计标准。同时，针对施工过程中发现的新信息，也及时与设计单位沟通交流，以尽可能减少对建筑本体的干预，保存原建筑

构件。

同时，良户书院的保护工程亦是一次改造工程。长时间来，书院内建筑因外部陈旧、内部不适应现代需求而处于闲置状态，一定程度上造成了资源的浪费。本工程在科学保护历史建筑的同时，通过采取不改变建筑信息的情况下对建筑内部进行合理改造，包括内部装饰、阅读家具陈设、灯光调节、西部处理等多种手段，营造适于阅读的环境氛围，让历史与人文能够有机结合，真正使得建筑的价值得以发挥，将乡村阅读中心打造成一个乡村阅读推广的源头。

2. 苗木的选择与养护

良户书院是山西首家"商务印书馆乡村阅读中心"，是周边民众重要的精神文化活动中心，优美的环境可以为广大读者提供更好的阅读环境。但是，优美的环境离不开外部自然环境的打造。因此，绿化苗木的品种选择和定期养护也是保证工程品质的重要方面。在品种的选择上，仍以本地苗木为主，但要保证多样性的选择；养护包括灌溉、修剪、防虫、施肥等工序，应首先仔细研究苗木生长特性，结合这些苗木生长需求进行科学的养护。

五、创新性尝试

（1）我国传统文物保护工程施工过程中为确保文物和游客的人身安全，并不对外开放。本次修缮工程中，项目部积极学习借鉴日本清水堂落架大修复原工程及北京故宫修缮工程中的经验，将文物保护施工现场局部经过精心处理后向游客开放。

施工场地开放不但为游客创造了丰富的旅游体验，同时向游客展示了中国传统建筑文化及文物保护工作具体过程，提高了民众的文物保护意识的同时，加强了公众与保护遗产的联系，为古建筑保护和展示利用提供了有益的尝试。

（2）将修缮报告和施工资料整理出版。不但接受社会公众对工程质量的监督，同时为今后人们的修缮工程提供有益的参考。本次施工过程中安排有专人负责施工过程中的重大事情和重要决议的记录工作，同时以图文相结合的形式记录每日施工过程和工程中的重要环节。工程竣工后选派多学科人才组成科研组，编制工程竣工报告，并详细说明施工过程中关于材料、技术、工艺等的运用情况，使之作为工具书出版发行，供广大读者学习检索，公开工程细节也是虚心接受相关人士的监督和批评的一种方式。

山西省高平市汤王头村古官道及部分历史建筑保护修缮工程(一期)

设计单位：平遥县今朝园林设计院有限公司
施工单位：山西华夏营造建筑有限公司
工程地点：山西省高平市汤王头村
开工时间：2015 年 5 月 20 日
竣工时间：2015 年 11 月 3 日
建设规模：2968.9m²
本文作者：荀　建　山西华夏营造建筑有限公司 董事长、本项目总负责人
　　　　　马　静　山西华夏营造建筑有限公司 设计部技术骨干、本项目技术负责人

汤王头村位于华夏文明的发祥地之一山西省高平市，是该市境内惟一一座保存完整的小型古城堡。因"询三晋之要道"，汤王头古村布局独特，为少见的五行八卦式。村内庙宇云集，明清阁楼、宅院林立，另有一条纵贯全村的古官道，保存较好。这些历史遗存不仅是重要的物质文化遗产，还是晋东南文化及晋商文化的重要载体，具有较高的历史文化及社会价值。目前这些建筑因年久失修、人为改制及维护不足等原因，保存状况差，多处建筑正面临坍塌甚至消失的危险，亟需采取有效的保护措施。我公司中标后立即组建了经验丰富的项目部进驻工地，经过为期15个月的紧张施工，古色古香的汤王头古村落再次呈现在世人面前，并得到社会各界的高度认可。

一、工程概况

山西省高平市汤王头村古官道及部分历史建筑保护修缮工程（一期）位于山西省高平市汤王头村，项目总占地面积 2968.9m²，其中建

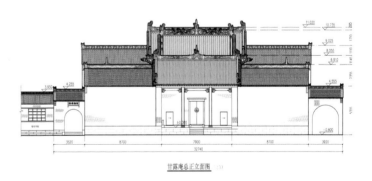

图 1　甘露庵总正立面图纸

图 2　甘露庵院内

筑面积 1458.5m²。工程内容包括甘露庵、地藏殿、观音殿及堡门等历史建构筑物的保护修复。如图 1 ~ 图 26 所示。

山西省高平市汤王头村古官道及部分历史建筑保护修缮工程（一期）于 2015 年 5 月 20 日开工，2015 年 11 月 3 日竣工，工程竣工决算 646.951 万元，2017 年 12 年 30 日，由山西省古建筑工程监理有限公司完成验收。

二、工程亮点

山西省高平市汤王头村古官道及部分历史建筑保护修缮工程（一期）的亮点主要体现于：

1. 保护对象特殊，工程内容丰富

汤王头古村落巧妙利用汤王头地形，依照五行八卦阵法进行规划建设，形成了村落独特的五行八卦布局。本次工程涉及内容全面，既有古官道的保护、历史建筑的保护修缮、院落环境的整治，也有塑像和壁画的保护修复工程，各项工程内容相互联系，构成一个完整的体系。

2. 对建筑重要历史信息的保护

本次工程对象为汤王头古村落，虽尚未列入省级文物保护单位，但村内部分建筑如甘露寺、祖师庙等均为高平市重点文物保护单位，具有较高的历史价值、科学价值、艺术价值和社会文化价值，值得我们尽全力去保护这些建筑的重要信息和价值。因此本次施工参考了国家关于文物保护的标准和要求，并严格执行这些规定，最大程度地保存这些建筑的历史信息和全部价值，尽可能减少对建筑本体的干预，并保存原建筑构件。在施工中注意收集整理相关资料，为今后研究工作提供参考。

3. 科学保护与合理利用的有机结合

古村落内宗教建筑及部分传统民居建筑曾长期空置，既不利于建筑的有效保护，也不符合资源的科学利用，经过保护修缮，考证明确了寺内原有塑像和壁画内容，并聘请专业团队补塑了寺内塑像，重新恢复了其原有功能，为周边民众提供了宗教活动场所。

4. 坚持绿色施工

绿色施工不但可以降低施工成本，也是可持续发展思想在工程施工中的应用体现，它并不是独立于传统施工技术的全新技术，而是用"可持续"的眼光对传统施工技术的重新审视，是符合可持续发展战略的施工技术。项目部人员认真领会绿色施工精神，在施工中自上而下，

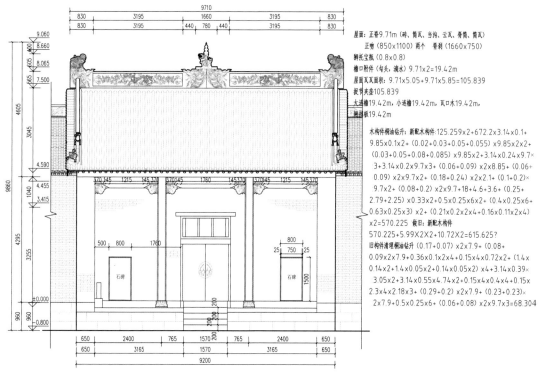

图3 山门正立面图纸

屋面：正脊9.71m（砖、筒瓦、当沟、云瓦、脊筒、筒瓦）
正吻（850×1100）两个 脊刹（1660×750）
狮托宝瓶（0.8×0.8）
檐口附件（勾头、滴水）9.71×2=19.42m
屋面瓦瓦面积：9.71×5.05+9.71×5.85=105.839
损耗天空105.839
大连檐19.42m，小连檐19.42m，瓦口木19.42m，
闸挡板19.42m

木构件桐油钻升：新配木构件:125.259×2+672.2×3.14×0.1+
9.85×0.1×2+（0.02+0.03+0.05+0.055)×9.85×2×2+
(0.03+0.05+0.08+0.085)×9.85×2+3.14×0.24×9.7×
3+3.14×0.2×9.7×3+(0.06+0.09)×2×8.85+(0.06+
0.09)×2×9.7×2+(0.18+0.24)×2×2.1+(0.1+0.2)×
9.7×2+(0.08+0.2)×9.7×2+18+4.6+3.6+(0.25+
2.79+2.25)×0.33×2+0.5×0.25×6×2+(0.4×0.25×6+
0.63×0.25×3)×2+(0.21×0.2×2×4+0.16×0.11×2×4)
×2=570.225 做旧：新配木构件
570.225+5.99×2×2+10.72×2=615.625?
旧构件清理桐油钻升（0.17+0.07)×2×7.9+(0.08+
0.09×2×7.9+0.36×0.1×2×4+0.15×4×0.72×2+（1.4×
0.14×2+1.4×0.05×2+0.14×0.05×2)×4+3.14×0.39×
3.05×2+3.14×0.55×4.74×2+0.15×4×4+0.15×
2.3×4×2.18×3+(0.29+0.2)×2×7.9+(0.23+0.23)×
2×7.9+0.5×0.25×6+(0.06+0.08)×2×9.7×3=68.304

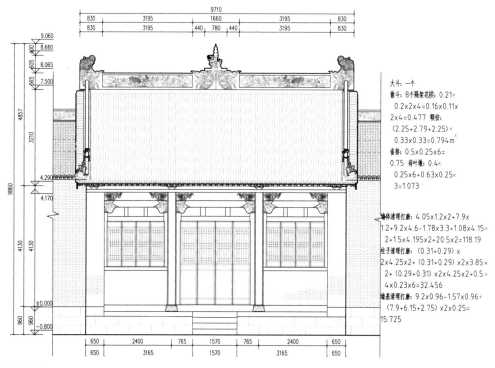

图4 山门背立面图纸

大斗：一个
散斗：8个 隔架花拱：0.21×
0.2×2×4=0.16×0.11×
2×4=0.477 檩枋：
(2.25+2.79+2.25)×
0.33×0.33=0.794m³
雀卷：0.5×0.25×6=
0.75 荷叶墩：0.4×
0.25×6+0.63×0.25×
3=1.073

墙体清理打磨：4.05×1.2×2+7.9×
1.2+9.2×4.6-1.78×3.3+1.08×4.15×
2+1.5×4.195×2+20.5×2=118.19
柱子清理打磨：(0.31+0.29)×
2×4.25×2+(0.31+0.29)×2×3.85×
2+(0.29+0.31)×2×4.25×2+0.5×
4×0.23×6=32.456
墙基清理打磨：9.2×0.96-1.57×0.96+
(7.9+6.15+2.75)×2×0.25=
15.725

采苑

2018中国园林古建筑精品工程项目集

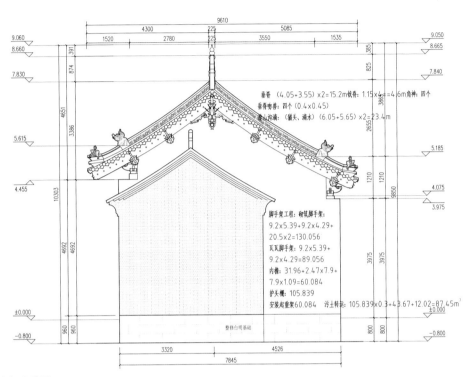

垂脊 (4.05+3.55) x2=15.2m戗脊 1.15x4=4.6m角神:四个
垂脊吻兽:四个(0.4x0.45)
脊山沟滴:(猫头、滴水)(6.05+5.65) x2=23.4m

脚手架工程:砌筑脚手架:
9.2x5.39+9.2x4.29+
20.5x2=130.056
瓦瓦脚手架:9.2x5.39+
9.2x4.29=89.056
内檐:31.96+2.47x7.9+
7.9x1.09=60.084
护头棚:105.839
安装起重架60.084 污土转运:105.839x0.3+43.67+12.02=87.45m³

整修台明基础

图 5　山门侧立面图纸

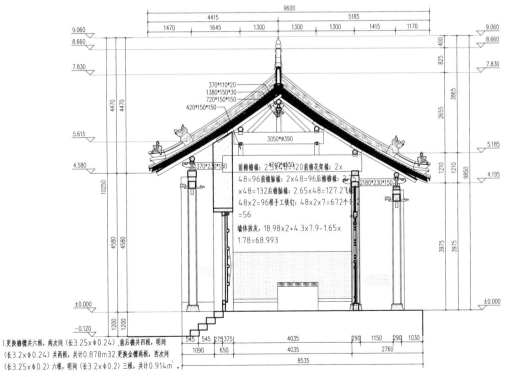

370*110*20
1380*150*30
720*150*150
420*150*150

3050*Φ390

前檐檐椽:2x48=96飞椽:2x48=120前檐花架椽:2x
48=96前檐脑椽:2x48=96后檐椽:2x48=96飞椽:2
x48=132后檐脑椽:2.65x48=127.2x
48x2=96根手工铁钉:48x2x7=672个+2
=56

370*230*150

2180*230*150

墙体抹灰,18.98x2+4.3x7.9-1.65x
1.78=68.993

1.更换檐檩檩共六根,两次间(长3.25xΦ0.24)前后檩共四根,明间
(长3.2xΦ0.24)共两根,共计0.878m32.更换金檩两根,西次间
(长3.25xΦ0.2)六根,明间(长3.2xΦ0.2)三根,共计0.914m².

图 6　山门剖面图纸

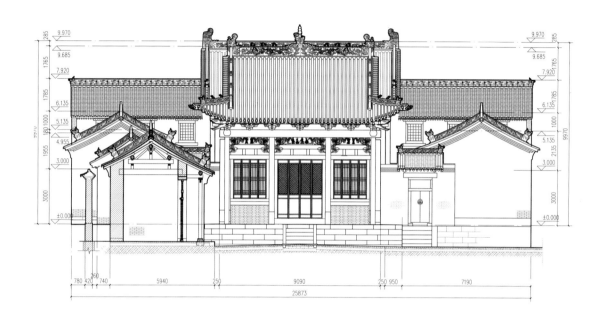

图7 甘露庵山门总剖面图

图8 甘露庵山门背立面

积极主动保护环境和生态，节约能源和资源，与周边居民和谐共处，坚持绿色施工。

三、主要施工技术与方法

参考近年来当地类似工程的施工做法，并吸取其中的经验，在具体施工过程中，仔细查阅了相关的施工手册、规范、标准，严格按照这些规章中的要求进行，山西省高平市汤王头村古官道及部分历史建筑保护修缮工程（一期）的重要施工技术包括以下几方面内容：

1.屋面工程

首先根据修缮设计图纸确定瓦件拆除范围，瓦件拆除揭瓦的部位及范围大小在施工前经质监部门、建设单位确定后方可施工，施工时应参考古建筑施工技术规范。

在拆卸之前搭设外保护棚，防止大木构件等因天气影响受损。对部分已歪闪大木构架，设迎门戗和罗门戗加以支顶保护。瓦面纵向铺放软梯，操作时随拆除过程移动。拆揭瓦件，先拆揭勾滴，仔细揭瓦，减少损坏，拆下后运

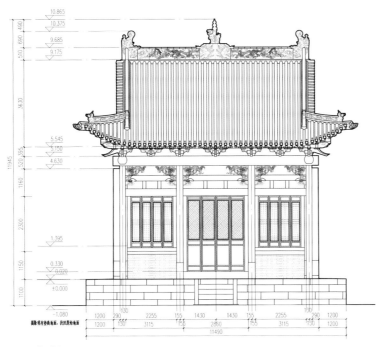

图 9　毗卢殿正立面图纸

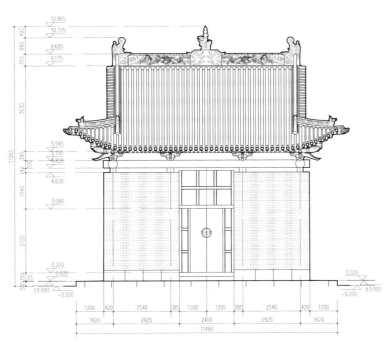

图 10　毗卢殿背立面图纸

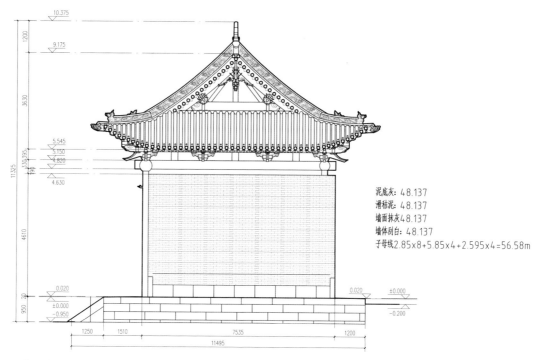

图 11　毗卢殿侧立面图纸

到指定地点妥善保存。然后再拆瓦垄和各种脊件，注意保护瓦件和脊件不受损坏。瓦件拆下后，将原苦背层全部铲除干净。然后进行望极、椽飞、檩等木结构的检查整修、补换、大木归安等工作。

2. 梁架工程

大木构件在整修加固前要对现状进行认真仔细的检查、测量。检查构件完好程度，认真记录、测绘出详图并拍照。根据检查结果分部位、分构件地针对损坏情况与设计部门共同制定整修、加固措施。

（1）糟朽大木构件的施工方法

对于轻微的糟朽，内部尚完好不影响受力的构件，采取挖补和包镶两种方法处理。糟朽部分剔成容易嵌补的几何形状，剔挖的面积以最大限度地保留未糟朽部分为宜。洞口里大外小，洞壁铲直，洞底平实，洞内清理干净。用干燥木材（尽量用同种木材）胶结，补严补实。胶干后随木构件外形加工好。补块较大时，可用钉钉牢，钉帽打入构件内。糟朽部分较大，但深度不深时，采用包镶的方法加固。补块可分段制作，补块较长的，必要时加铁箍。铁箍的规格及数量应符合设计要求。

（2）木构件劈裂的处理方法

木构件 5mm 宽以内的裂缝用环氧腻子堵抹严实；超过 5mm 宽的裂缝则用木条粘牢补严。裂缝较大，但仍能使用的木构件，在用木条粘补后，应加数道铁箍。劈裂较大，根据《古建筑木结构维护与加固技术规范》（GB

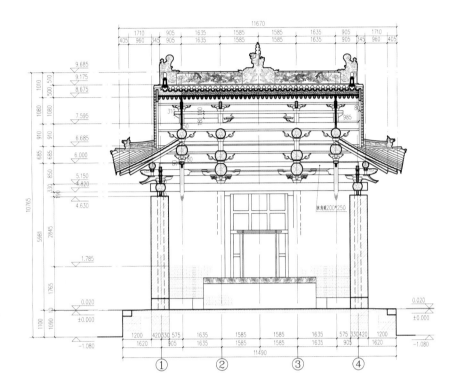

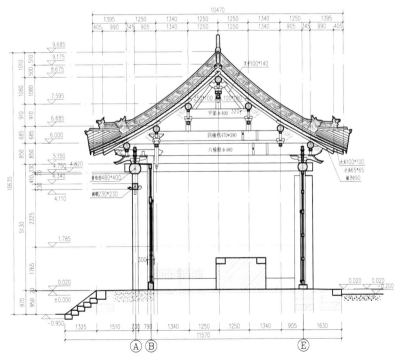

图 12　毗卢殿剖面图纸

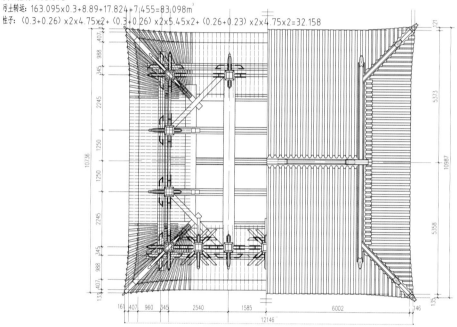

砌筑用脚手架：11.49x6.65+11.49x5.75+1.495x6.65x2=162.36
屋面瓦瓦用脚手架：162.36
内檐及廊部做旧脚手架：44.56+37.572=82.132
护头棚搭设：163.095
弃土转运：163.095x0.3+8.89+17.824+7.455=83.098m³
柱子：（0.3+0.26）x2x4.75x2+（0.3+0.26）x2x5.45x2+（0.26+0.23）x2x4.75x2=32.158

图 13　毗卢殿屋面俯视图纸

图 14　甘露庵毗卢殿

50165—1992) 认真检查每一受力构件，不符合有关要求的，坚决更换。

对于梁架劈裂、糟朽现象修缮措施如下：对裂缝长度不超过梁长度 1/2，深度不超过梁宽 1/4 的，视情况加固 2～3 道铁箍。裂缝宽度超过 0.5cm 时，在加铁箍之前先用旧木条嵌补严实，用环氧树脂粘牢。铁箍宽 50mm、厚 4mm。

（3）柱子墩接

对于柱根糟朽严重需墩接的，一般采取刻半墩接，做巴掌榫，直径较大的柱子墩接时，上下各做暗榫相插，以防滑动移位。墩接的长短及铁箍尺寸、数量应严格按设计要求制作施工（墩接柱子时剔开柱门处的砖应按原位置编号、留存，以备恢复之用）。

3. 墙体工程

各建筑墙体修缮项目基本方法为：整体拆砌、槛墙拆砌、局部拆砌、剔糟挖补、灌浆加固、整体整修、抹灰工程等。

表面整道: (11.175+1.8x2) x0.3+ (11.175+1.8x2) x0.25=81.27
台阶踏步重新拆安: 2.45x1.08=2.646
台帮打磨勾带: 4.365x.66x2+2.305x0.66x2=8.81
土衬清理打磨: 4.5x0.33x4x4+0.35x2x5.874x2+0.52x2+2.298=35.322

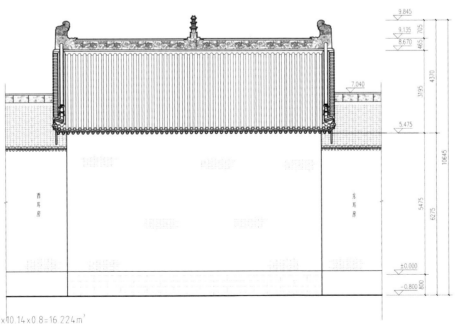

图 15 五佛殿正立面图纸

后墙外侧清理土: 2x10.14x0.8=16.224m³
山墙外侧择砌: 2.4x0.9+1.06x0.84+1.19x1.56=4.91

图 16 五佛殿背立面图纸

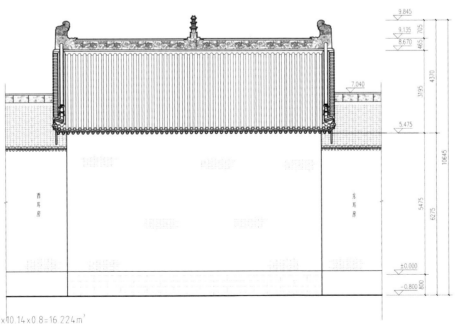

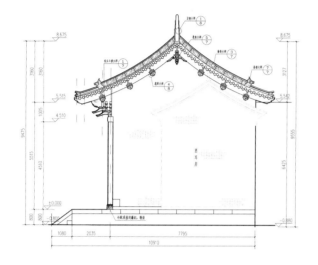

砌筑用脚手架：11.175×6.395×2＋21.35×2＝185.628
屋面瓦用脚手架：11.175×6.395×2＝142.928
内槽及廊部檐旧脚手架：51.68＋32.519＝84.199
护头棚搭设：133
安装起重架：84.199
污土转运：2×10.14×0.8＋10.14×5.475×0.74＋133×0.3＋（51.68＋32.52）×0.2＋1.11＝115.156m³

五佛殿侧立面图纸 1:60

图 17　五佛殿侧立面图纸

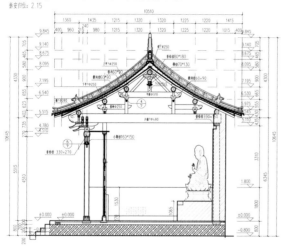

梁上彩绘保护：3□□×0.48×8.55×2＋3.14×0.25×1.95×2＋3.14×0.31×3.55＋（0.06＋0.06）
×2×8.85×4＋（0.08＋0.18）×2×8.85＋（0.06＋0.09）×1×10＋（0.8□＊□8）
×2×8.85×4＋0.48×2×0.17×4×4－0.17×4×0.15×4＋（0.2＋0.04）
×2×1.45×4＋0.25×0.21×4×4＋（0.26＋0.25）×4×6＋（0.3＋0.1）×2×2＋（0.75＋0.16）
×2×6＝81.738
山尖壁画：保护加固：0.73×4＋0.27×4＋0.56×4＋2.15×2＋0.89×4＝14.1
拆安归位：2.15

图 18　五佛殿剖面图纸

（1）墙体修缮做法

对于需要重点修缮的建筑，做法如下：地面弹出水平轴线和边缘，并在死角按收分挂设立线。放线再准确核对后进行垒砌，砌筑时砖下面必须铺灰，砖缝不超过5mm。用土坯和碎砖进行背里砌筑，高度与面砖一致。墙体砌筑完后，对墙面进行清理，并检查其平整度是否在施工要求的范围之内，如有不妥，及时处理。墙体砌筑时，在木柱柱根下墙体外侧留方形通气洞。

①整体拆砌：针对局部酥碱、裂缝、基础下沉等险情，而简单加固又不能彻底排除隐患的墙体，施工时应尽量保证原砖的完整性，砌筑时尽量使用原有构件。

②局部拆砌：针对残损范围相对较大，但经局部拆砌即可排除险情的墙体，该方法仅限于在墙体上部使用。这种有选择性的砌筑在施工过程中须边拆边砌，切忌全拆再砌，以防人为塌落，且每次择砌长度不得超过50～60cm。若只拆砌内、外墙的表砖时，其长度不得超过100cm。

③剔槽挖补：用于局部酥碱之墙体。先用凿子将需修复的部位剔除，然后用原墙面所用砖的规格和手法经重新砍磨后砌筑，墙内需施灰膏填灌饱满。整体整修：当全部墙体砌筑、补砌完毕后，对整个墙体进行检查，统一勾缝，统一做旧。

（2）选材及工艺流程

①粘接剂：墙体砌筑时施白灰糯米混合灰浆。将糯米煮烂加入白灰膏中加拌均匀

苑

2018中国园林古建筑精品工程项目集

174

后施用。质量比为白灰膏：糯米 =100：30，
白灰膏为提前淋好的陈白灰。

②墙体加固：对墙体裂缝较宽的部位施以
聚乙烯醇水泥溶液灌浆加固。

③处理、剔槽清理、封缝灌浆：首先剔除
墙体糟酥之物，然后清洗缝内杂物，最后灌浆。
冲洗时必须控制水流量，防止软化基础。

（3）淌白墙砌筑工艺

①材料要求：

a. 淌白墙使用砖的品种、规格、质量必须
符合设计要求或古建常规做法。

b. 淌白墙所用灰浆的品种、配合比必须符
合设计要求。当设计无明确规定时，应符合古
建常规做法。宜使用白灰或月白灰，打点缝子
用小麻刀深月白灰或老浆灰。

c. 砖应有出厂合格证明和试验检测报告。

d. 墙体砌筑时施白灰糯米混合灰浆。将糯
米煮烂加入白灰膏中加拌均匀后施用。质量比
为白灰膏：糯米 =100 ： 30，白灰膏为提前淋
好的陈白灰。

②主要机具：

a. 主要工具：半截灰桶、小线、平尺板、
铝水平尺、方尺、瓦刀、鸭嘴儿、铁锹、勾缝
溜子、托灰板、水管子、线坠、盒尺、棕毛刷、
扫帚。

b. 主要机具：和灰机、麻刀机、手推车。

③作业条件：

a. 基底砖石构件安装完成，基层清理干净。

b. 砍磨加工砖的数量可以满足砌筑需要。

c. 灰浆已加工制作完成。

d. 墙面组砌方法已经确定。

图 19　甘露庵五佛殿

④操作工艺：

a. 弹线、样活：在基础面上弹出墙体线，
按所采用的砖缝排列形式，把加工完的砖进行
逐块试摆。

b. 拴线：按照弹线的位置挂上横平竖直的
样标线，墙体两端拴挂的线称"揽线"，在两
道揽线之间拴挂一道横线，称为"卧线"，即
砌砖层的摆砖线。

c. 打灰条砌筑：一手拿砖，一手用瓦刀把
砖的露明侧的棱上打上灰条，也可以在已经砌
好的砖层外棱上也打上灰条，叫做"锁口灰"。
在朝里的棱上，打上两个小灰墩，称为"爪子
灰"。砖的顶头缝的外棱处也应打上灰条，砖
的大面的两侧既可以打灰条，也可以随意打上
灰墩 (称为"板凳灰")。

d. 背里、填馅：随外皮淌白墙的砌筑同时
砌好里皮的糙墙，里外皮之间的空隙要用碎砖
砌实。

e. 灌浆、抹线：背里填馅后可以灌浆，要
用白石灰浆或桃花浆。灌浆随砌筑高度每5层
左右用麻刀灰抹线一次。

f. 打点墙面：对砖缝过窄处用扁子作"开
缝"处理。

g. 打点灰缝：用瓦刀、小木棍或钉子等顺砖缝镂划，然后用小鸭嘴儿将小麻刀深月白灰或老浆灰"喂"进砖缝。灰应与砖墙"喂"平，缝子打点完毕后，用短毛棕刷子沾少量清水（沾水后轻甩一下），顺砖缝刷一下，即打"水荏子"，随即用小鸭嘴儿将灰缝轧平轧实。

4. 地面工程

①墁地用砖要符合设计要求和文物建筑规定要求，地面方砖揭下后凡能使用的均要清理好，如何处置利用应报请文物部门、质监部门及建设单位确认。

②墁地用砖要先加工砍制，砖的表面要磨平改方，四面砍出包灰，拼缝转头肋，整齐码放好。

③墁地材料要准备好黄土，泼白灰面筛按黄土 7：白灰 3 和泥，用生石灰和好白灰浆。油灰用熟白灰粉（过细箩）三份，白面一份，生桐油六份，加入适量用胶调好的烟子，共同调成油灰。

④工具：皮槤头，放油灰槽子成簸箕形，木宝剑抹油灰条用。

⑤地面铺墁工程做法：

三七灰土垫层：素土基层按设计标高进行找平夯实后，三七灰土虚铺 200mm，夯实厚度达到 150mm，含水适中，一般以"手攥成团，落地开花"为宜，夯实后表面平整。

冲趟：在明间过门石中，以整砖坐中，进深方向沿拽线墁一趟，即为"冲趟"。

样趟：在两道拽线间拴卧线，以卧线为准墁砖。如趟较长时要在中间腰线。泥不要打得太密，即打成"鸡窝泥"，砖要用墩锤叫平叫实。

图 20　祖师庙东厢房

图 21　祖师庙西厢房

揭趟浇浆：将样好趟的砖按顺序揭下来，然后对铺泥不足之处补垫平实，在泥上浇生白灰浆，浇浆时从右下向左上浇。

上缝：用木剑在砖外棱上过水刷子，再挂油灰，要足，不断条，将砖按顺序回归原位，用墩锤上缝，叫实叫平。

铲齿缝：上缝后用竹片起油灰，然后用磨头将不平部位磨平。

刹趟：以卧线为标准，将多出的地方用磨头磨平直。

串浆：每墁完一趟后在外口用泥围起灌白灰浆。

打点：砖面上如有砂眼或残缺用砖药打点严实。

2018 中国园林古建筑精品工程项目集

图22 北阁

图24 北阁木雕石雕

图23 北阁正立面

⑥墁好的地面有甩出凸出之处用斧子铲平，并用磨刀磨光，凡遇到柱顶及打找之处，均须淘卡打找，砍磨整齐。

⑦墁好地面清扫干净，待砖干以后，按1.5～2kg/m²生桐油用木板刮严，待油渗入砖内之后，将表面用锯末刨花擦净，用麻袋碎布赶光。

5. 装修复原工程

轻微损坏，剔补修理糟朽、加固接补磨损；局部缺损，按原样添配、修补整齐；样式不协调按原样修整。所有装饰件的木材含水率不得大于15%，制作纹饰要圆滑，纹理要顺畅，起线方式要保证与图纸一致，不能随意改动，木装修加工成成品后，应平放码垛，并钻生三遍。

做好防腐处理，木构件表面要平整光滑，表面不得含大于5%的缺材，做好防虫处理。隔扇门窗心屉用一级红松干材制作，心屉花纹或步步锦，或直棂，或码三箭，均应按图纸大样仔细加工。

由于年久，开关活动多，门窗扇四框的边梃、抹头榫卯松脱，整体发生扭闪变形。首先将四框边梃钉子起除，再用锤子轻轻敲掉隔扇，在拆卸要轻拿轻放，防止棂条散落。整扇拆除落再进行归方，接缝处重新灌胶粘牢，最后在门扇背后接缝处加钉"L"形或"T"形薄铁板加固，铁板应卧入边梃内与表面齐平，用螺丝钉拧牢固。

边梃、抹头劈裂糟朽：局部劈裂糟朽时钉补齐整，个别糟朽严重的更换，一般情况下，将四框拆卸按原样复制新件后，在重新归四边框，背面加钉铁活，样式同前项。

隔扇芯残缺：在结构上都是棂条细，交点多，整体连接的强度弱，常常因碰伤而残缺不全；此隔扇为局部残缺，应采取缺多少补多少的措施。补配棂条应依原来搭交的情况，各根棂条分别复制，根据旧件的线脚式样而选择线刨刃进行制作。单根做好后，进行试装，检查

图 25　甘露庵南禅室

图 26　甘露庵南偏门

卯口是否严实，搭接后是否平整，无误后再与旧椽条并合粘牢的新旧椽条接口应抹斜，背面加钉薄铁板拉固。

四、施工原则

山西省高平市汤王头村古官道及部分历史建筑保护修缮工程（一期）在具体施工中坚持以下原则：

1. "不改变文物原状"的原则

按照《中华人民共和国文物保护法》第二章第二十一条，"对不可移动文物进行修缮、保养、迁移，必须遵守不改变文物原状的原则"进行修缮设计。尽最大可能利用原有材料，保存原有构件，使用原有工艺，从而更多地保存了文物建筑的历史信息及特性。

2. "最小干预"的原则

按照《中国文物保护准则》第二章第十二条"干预应当限制在保护文物古迹安全的限度上，必须避免过度干预造成对文物古迹价值和历史、文化信息的改变的原则"，进行修缮设计。

3. "使用恰当的保护技术"的原则

按照《中国文物保护准则》第二章第十四条"应当使用经检验有利于文物古迹长期保存的成熟技术，文物古迹原有的技术与材料应当保护。对原有科学的、利于文物古迹长期保存的传统工艺应当传承。所有新材料和工艺都必须经过前期实验，证明切实有效，对文物古迹长期保存无害、无碍，方可使用的原则"，进行修缮设计。

祥源·星河国际 CH20 地块顺河老街核心区古建工程

设计单位：蚌埠市建筑设计研究院
施工单位：安徽腾飞园林建设工程有限公司
工程地点：安徽省蚌埠市五河县环城北路桥东段祥源城
开工时间：2015 年 4 月 20 日
竣工时间：2016 年 6 月 28 日
建设规模：8154.17m²
本文作者：项立军　安徽腾飞园林建设工程有限公司　项目经理
　　　　　项立海　安徽腾飞园林建设工程有限公司　技术负责人

祥源·星河国际 CH20 地块顺河老街核心区古建工程建设地点在安徽省蚌埠市五河县环城北路桥东段祥源城，古建面积 8154.17m²。本工程建设单位为五河祥源投资开发有限公司，设计单位为蚌埠市建筑设计研究院，施工总包单位为安徽腾飞园林建设工程有限公司，监理单位为合肥市工程建设监理有限公司。本工程于 2015 年 4 月 20 日开工，2016 年 6 月 28 日竣工并通过验收，工程造价 2000.00 万元。

祥源·星河国际 CH20 地块顺河老街核心区古建工程内容为完成基础、主体、门窗、消防、外立面及室内精装修等图纸范围内所有工程内容（图 1~ 图 10）。

一、工程概况

一个时代一条街，百年老街荣耀再启，百年商脉顺河老街 2006 年被安徽省授予"安徽历史文化街区"称号。祥源·星河国际 CH20 地块顺河老街核心区古建工程项目西临城市主要道路国防路，北临浍河路，其东侧为堤下路，其南侧为码头路，交通便利，玉带桥贯穿用地。本工程以尊重历史人文、重现老街原貌、统一业态规划、复兴百年商貌，繁华再现顺河街为建设理念。

由于本工程在建筑外观上要保留数百年来五河地域古建筑特点，在结构上按混凝土框架施工以符合现代建筑的结构耐久性、抗震安全性要求，还要满足商业街区使用功能。本工程大部分为仿古工程，如更新危旧房，要求做新如旧；对局部具有典型风格的宅院进行重点保护修缮，力争仿旧如旧，实现历史风貌的再现与保护。

图 1　老街规划及建筑方案设计

二、工程的重点及难点

1. 工程的重点

小青瓦弧形屋面瓦是古建工程重要特征之一，应严格控制弧形屋面找坡，分中号陇、铺瓦、对瓦头、做脊、滴水施工时由专人旁站监督。

镂空木门窗制作、安装是技术要求很高的分项工程，我公司专门从东阳聘请古门窗专业人员进行制作、安装，连同门窗油漆工人也是从事多年古建的专业人员。

混凝土仿制垂脊、戗脊是本次施工首次尝试，施工人员不惜多次返工，最终达到古建效果。

2. 工程的难点

混凝土梁柱仿清水墙，为了保持外立面清水墙的整体性与一致性，我公司定制两台大理石切割机专门用于加工各种造型青砖片，用青砖片粘贴在混凝土表面。

青瓦叠脊、叠花是古建工程的重要特征，我公司用环氧树脂胶泥代替传统石灰膏粘结，防止瓦片脱落。

屋顶结构混凝土屋面板下装饰檩木、椽木、仿望砖板难度大，效果不理想，为此我公司技术部门制定专项方案，先安装檩木，再依次安装椽木、仿望砖板，加固稳定后再施工钢筋混凝土屋面板。

图 2　大门入口

图 3　入口

三、工程施工组织及施工方法

1. 工程施工组织

根据建筑群体的布局、工程量和运输条件，此次施工在时间上划分为三个阶段。第一阶段测量清理、基础开工（因基础已经完成，钢筋除锈和测量定位为第一阶段）；第二阶段做混凝土主体施工；第三阶段做内外装修。按照此施工段组织流水施工，装修阶段与安装工程穿插进行，以达到合理的流水作业，在确保工程质量的前提下，以科学的工序来加快施工进度，

从而缩短工程工期。

2. 主要分部分项工程施工方法

（1）基础工程施工

①浇混凝土垫层：地基验收后，即可浇筑混凝土垫层，混凝土垫层经平板振动器振动后，表面须用铁滚拉压泛浆，平整密实后收光。

②钢筋：钢筋采用现场绑扎的方法。基础梁绑扎前，先用钢管搭设绑扎支架，支架应搭设牢固，钢筋绑扎时，支架不得移位和变形，支架横担的高度，基本是梁上部主筋的高度，便于梁绑扎完成后安装就位。主筋位置编排间距正确，特别是纵横梁相交时的主筋上下位置必须符合设计要求。基础钢筋扎好后，即可插柱筋。

③基础模板：基础模板采用木模板，模板支撑采用 ϕ48 钢管支架。

④基础混凝土浇筑：混凝土浇筑前应将模板表面洒水湿润；基础混凝土的浇筑按照轴线顺序逐个进行浇筑，争取在最短的时间内浇筑完毕，以防雨水对基础的浸泡；柱的施工缝留置在基础顶面；浇筑过程中，每班配合工种，跟班作业，管理人员现场监督，要保证浇筑混凝土基础的顺利进行；混凝土终凝后，进行浇水养护，养护不少于 7d。

（2）上部结构

①槛框的制作与安装

槛框制作主要是画线和制卯，装修槛框的制作和安装，往往是交错进行的。一般是在槛框画线工作完成之后，先做出一端的榫卯，另一端将榫锯解出来，先不断肩，安装时，视误

图 4　胡家大院

图 5　九和粮行

差情况再断肩。

　　槛框的安装程序一般是先安装下槛（包括安装门枕石在内），然后安装门框和抱框，安装抱框时，要进行岔活。方法是，将已备好的抱框半成口贴柱子就位、立直，用线坠将抱框吊直（要沿进深和面宽两个方向吊线）。然后将岔子板一叉沾墨，另一叉抵住柱子外皮，由上向下在抱框上画墨线。内外两面都岔完之后，取下抱框，按墨砍出抱豁（与柱外皮弧形面相吻合的弧形凹面）。抱框岔活以后，在相应位置剔凿出溜销卯口，即可进行安装。在安装抱框、门框的同时安装腰枋。然后，依次安装中槛、上槛、短抱框、横陂间框等件。槛框安装完毕后，可接着安装连槛、门簪。装隔扇的槛框下面还可安装单楹、连二楹等件。其余马板、余塞板等件的安装依次进行。槛墙上榻板的安装须在槛框安装之前进行。

　　②木门窗的制作与安装

　　门窗全部采用木结构宫式和直条式或部分为葵式，木门窗的制作、安装，有两点需要提及。由于门扇边梃甚厚，开启关闭时也同样会

遇到实榻门等门边碰撞的情况，因此，应在制作时考虑分缝大小，并留出油漆地杖所占厚度；另外，由于木门窗关闭时是掩在槛框里口，而不附在槛框内侧，所以，上下左右都无须留掩缝，相反，扇与槛框之间要适当留出缝路，以便开关启合。

　　③雕刻工程

　　木雕装饰构件选用优质樟木。先在纸上画出雕刻的图案花纹，再把纸贴在木料上。对称或重复的图案可用"擦样子"的方法进行复制。把形象外的空地用锼弓子锼掉，或用凿子铲低（叫起地儿或落地儿）。把图案形象凿铲成雏型，用铲、磨、溜沟、拉筋等手法进一步加工至完成。

　　（3）屋面工程

　　①苫背

　　因防水保温的材料在现浇板上或垫层上，根据设计就屋架的举架作出囊度，苫完焦渣背后必须在焦渣背上再抹一层麻刀灰。（应注意，歇山建筑撒头苫背最好从排山位置往下翻活后再苫背，否则盖瓦陇会超过排山处位置；饯脊

位置苫背，要小，且撒头处苫背不能太厚）。

②分中号陇

悬山建筑分中号陇：找出正脊的横向中点；从扶脊尽端往里返两个瓦口并找出第二个瓦口的中点；将这三个中点平移到前后坡檐头并按中点在每坡钉好五个瓦口；在确定的瓦口之间赶排瓦当，瓦口应比连檐外皮退进15%椽径，退进的部分为雀台；将各盖瓦陇中点号在脊上（歇山前后坡分中号陇同庑殿，但两端瓦口要从博缝外皮开始往里返活）。

庑殿建筑撒头分中号陇：找出扶脊中线，并在撒头灰背上做出标记，这条中线就是撒头中间一趟底瓦的中线；以这条中线为中心，放三个瓦口，找出另外两个瓦口的中点，然后这三个中点号在灰背上；将这三个中点平移到连檐上，按中点固定好三个瓦口，由于庑殿撒头只有一陇底瓦和两陇盖瓦，所以在分中的同时，就已将瓦当排好，并已在脊上号出标记了，前后坡和两撒头的12道中线就是庑殿屋顶各项工作的标准；翼角不分中，在前后坡和撒头钉好的瓦口之间赶排瓦当，应注意前后坡与撒头相交之处的两个瓦口应比其他瓦口短2/10~3/10，否则勾头就压不住割角滴子瓦的瓦翘。

歇山建筑撒头分中号陇：找出扶脊中线；将前后坡边陇中与角梁中线交点垂直引到撒头上；将找到的三个中点平移到连檐上；在三个瓦口间赶排瓦口，要单数；固定瓦口；将各盖瓦陇中点平移到脊上，并号出标记。

③瓦底瓦

图6　丁家商行

冲陇：拴线铺灰，先将中间的三趟底瓦和两趟盖瓦瓦好。

瓦檐头：拴线铺灰，将檐头滴子瓦和圆眼、勾头瓦瓦好，滴子瓦出檐最多不应超过本身长度的一半，在两端边陇滴子瓦下棱位置拴一条横线，用以控制每陇滴子瓦出檐和高低，在连檐处预留钢筋，钉住圆眼勾头，以防止瓦陇的下滑。

瓦底瓦，先在齐头线、楞线和檐线上各拴一根短铅丝（"吊鱼"），其长度根据线到边陇底瓦翘的距离。然后"开线"，按照排好的瓦当和背上号好陇的标记，把线的一端拴在一个插入脊上泥背中的铁钎上，另一端拴一块瓦，吊在屋檐下，这条线为"瓦刀线"，瓦刀线的高低应以"吊鱼"底棱为准。底瓦灰的厚度不应超过灰背厚度，底瓦用板瓦必须挑选，底瓦窄头朝下，从下往上依次瓦。底瓦搭接密度按二块筒瓦长等于五块板瓦长来定，即"二筒五"，最密不超过"一筒三"，瓦与瓦之间不铺灰，瓦要排正，底瓦陇的高低和直顺程度都应以瓦刀线为准，每块底瓦瓦翘宽头的上棱都要贴近瓦刀线。

瓦盖瓦：按楞线到边陇盖瓦瓦翘的距离调好"吊鱼"的长短，然后以"吊鱼"为高低标准开线，瓦刀线两端以排好的盖瓦陇为准，盖瓦灰应稍硬于底瓦灰，盖瓦不要紧挨底瓦，它们之间的距离叫"睁眼"，睁眼大小应为筒瓦高三分之一左右，盖瓦要熊头朝上，从下往上依次安放上面筒瓦，压住下面筒瓦的熊头，熊头上熊头灰为黑色。庑殿边陇应瓦瓦到垂脊位置，翼角瓦应从翼角端开始，其他同上。歇山撒头瓦陇应穿过博脊位置，翼角攒角无傍囊，拴线应沿屋架一直上行到后坡边陇盖瓦上，并应注意瓦囊要小，其他同上。

捉节夹垄：将瓦垄清扫干净用小麻刀灰（掺色同瓦色）在筒瓦相接的地方勾抹（捉节），然后用夹垄灰（掺色）将睁眼抹平（夹垄）。夹垄应分糙细两次夹垄，操作时要用瓦刀把灰塞严拍实，上口与瓦翘外棱抹平（背瓦翘），瓦翘一定要背严背实，不得开裂翘边，不得高出瓦翘，否则很容易开裂而造成渗漏。夹垄时应将垄灰赶轧光实，下脚应直顺，并应与上口垂直，与底瓦交接处无蛐蛐窝和多出的嘟噜灰。

翼角瓦瓦：翼角瓦瓦从翼角端开始，叫攒角。攒角完后，开始瓦翼角瓦，从勾头上口正中，至前后坡边垄交点上口拴一道线（槎子线），它是两坡翼角瓦相交点的连接，若庑殿屋为推山做法时，这条线应随之向前（后）坡方向弯曲，由于翼角向上翘起所以翼角底、盖瓦都不能水平放置，越靠近角梁就越不平，除边垄应与前后坡及撒头边垄同高外，其余应随屋架逐

垄高起，两坡翼角相交处的两块滴子瓦要用割角滴子，瓦垄要瓦过斜当沟的位置。

窝角沟的处理：窝角沟部位的滴子瓦应改作"斜房檐"勾头，勾头瓦应改作羊蹄勾头，窝角沟部位的底瓦应改作"沟筒"。

④调脊

正脊：当沟宽度应按正脊宽度，正脊两侧都要捏当沟，当沟与垂脊里侧底层脊砖交圈；安放正吻前应先计算正吻兽座的位置，找出垂脊当沟外皮，两坡当沟要卡住兽座，但不能太往里，应露出兽座花饰，如不合适，可以加放吻垫，正吻里要装铁钉应与兽桩十字相交，并拴牢；两端正吻之间，拴线铺灰砌正通脊，脊砖应事先经过计算再砌置，找出屋顶中点，以此为中砌脊砖，即龙口，然后向两边赶排，要单数；正脊最后一层砌扣脊瓦。

垂脊：庑殿垂脊应用斜当沟，两面用，里侧斜当沟与正脊正当沟交圈，外侧斜当沟与吻下当沟交圈；当沟上砌捏脊砖最上层为扣脊瓦；歇山建筑中歇山戗脊做法与庑殿垂脊大致相同，不同的是与垂脊相交的戗脊砖用割角戗

图7　木门窗的制作与　　图8　门窗安装
安装

图9 青瓦叠脊

图10 板桥步月

脊砖, 饿脊斜当沟与垂脊正当沟交圈, 为使饿
脊保持水平, 撒头这侧与垂脊相反, 应在同一
平面上, 饿脊与垂脊交接要严实。重檐建筑屋
脊中重檐上层檐与庑殿歇山相同, 不同的是多
了围脊和角脊; 攒尖建筑的屋脊做法同庑殿和
歇山建筑屋顶做法。

(4) 门窗工程

门窗工程在内外装饰基层完毕后进行, 在
安装前, 弹好统一的水平线与门窗四周边框线,
确保上下一致, 左右平行。门窗框与墙的连接
件留置位置、数量正确, 且要做防腐处理, 安
装牢固, 塑钢窗要安装防脱落装置和限位装置,
打密封胶, 留泄水孔。木门的门锁位置, 应避
开中冒头, 安在距楼地面 90~100cm 为宜, 不
得歪斜且开启灵活。安装门扇的所有螺钉锤进
不得超过 1/2, 门窗扇开启灵活。

(5) 木装修制作、安装

①栏杆

栏杆制作与安装包括寻杖栏杆、花栏杆、
直栏杆、楼梯栏杆的制作与安装。制作、安装
必须牢固, 严禁有松散、晃动等不坚固现象出
现。榫眼饱满, 表面光洁、无刨痕、锤印、饿
槎、毛刺, 肩角严密, 尺寸准确, 花栏杆棂条
直顺, 无疵病。采用拉通线, 尺量控制栏杆平
直度, 进出错位情况。

②大门

大门门板粘接, 均不得做平缝, 必须做企
口缝或龙凤榫。在大门安装之前, 制作必须符
合质量要求, 在保管、运输、搬动中无损坏变形。
榫眼胶结饱满, 肩角严实, 表面光洁、无刨痕、
饿槎、斧锤印; 大门饰件、门钉、包叶、兽面、
门铙等安装位置准确、牢固、美观, 尺寸符合

设计要求。大门上、下皮平齐，立缝均匀。

③木楼梯

所用木料的树种、材质等级、含水率及防虫、防腐处等必须符合设计要求。帮板、踢板、踩板制作符合设计要求，表面光洁，无刨痕、戗槎、锤印；楼梯扶手制作坚固美观；整座楼梯安装牢固，无疵病。

④天花

天花支条线条光洁直顺，表面光平，肩角严密，天花板拼缝严实，穿带牢固，表面光平，无疵病。各部件制作符合设计要求，工艺精细，斗栱贴落雕饰光洁美观，无疵病，安装牢固；起拱按设计要求或按短向跨度的1/200，整体效果美观，吊杆牢固，数量、位置符合设计要求。采用拉线尺量的办法控制，井口天花安装支条直顺；井口天花支条起拱，海墁天花起拱。

四、新技术、新材料、新工艺的应用

对古建材料的选购，由于多数材料为手工制作，我公司从淮北到皖南、从山东到江浙，经过多家比对，选择最优质材料。

以科技为支撑，因地制宜地采用先进适用的技术、材料、工艺和产品，与古建材料相结合，提高房屋建设质量和仿古建效果。

在充分利用木材的时候，还积极采用粉煤灰实心砖、混凝土空心小型砌块、轻质隔墙材料等新型建筑材料。